ブラックホールが視えた!!

Now, we saw a black hole!!

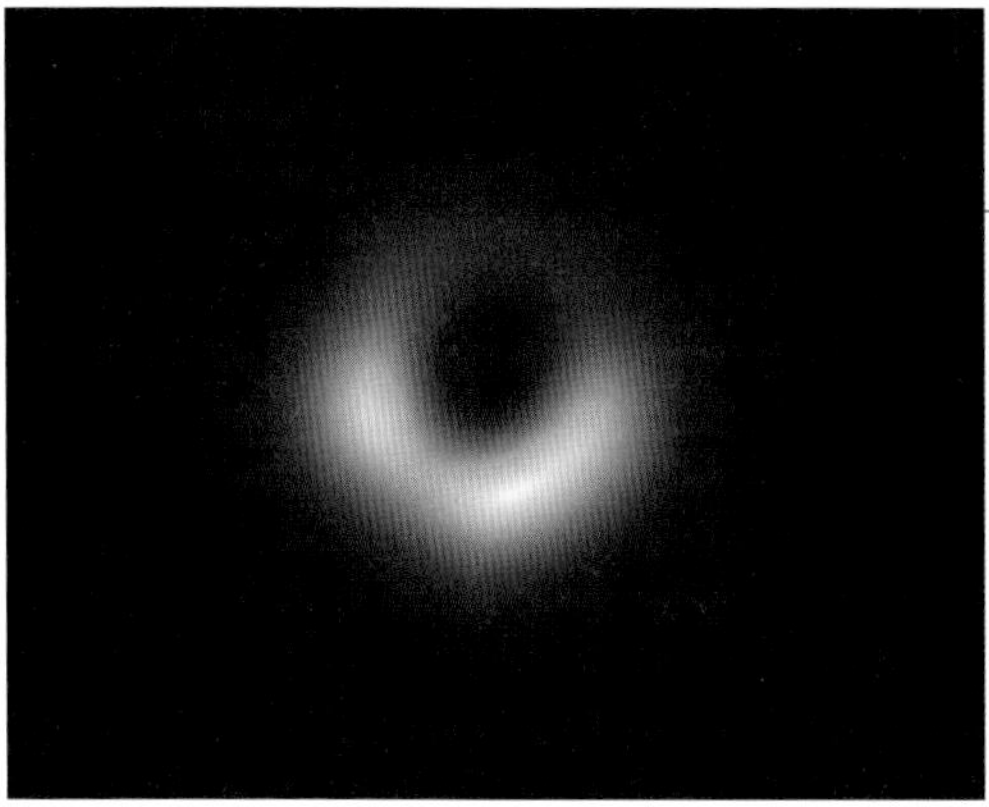

ブラックホールシャドー

2019年4月10日に世界の6カ所で同時記者会見が行われ、はじめて公開された、イベントホライズン望遠鏡によって撮影されたブラックホールシャドー(撮影/EHT Collaboration)。

約5500万光年の距離にある巨大楕円銀河M87の中心で、ブラックホールを取り巻き輝くリングの姿が本当に視えたのだ!!!

ジェットの電波画像は「コルク抜き」にそっくり!

Corkscrew floating in space

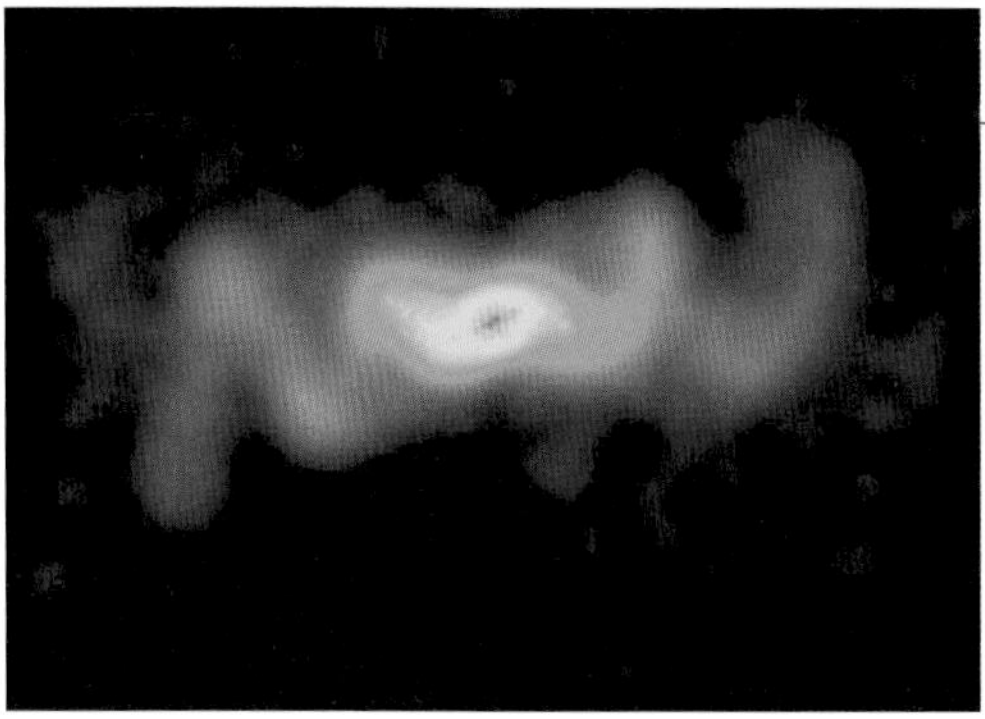

SS433のジェット

わし座の左の翼に位置するブラックホール天体SS433のジェットの画像(VLBA)。ジェットのガスそれぞれは真っ直ぐに飛んでいるが、ガスが飛び出す方向が変わっていくため、スナップショットを撮影するとジェットガスの存在する場所が渦巻き状のコークスクリューパターンになっている(88頁)。

降着円盤の〝世界初のカラー画像〟！

The first color image of an accretion disk !

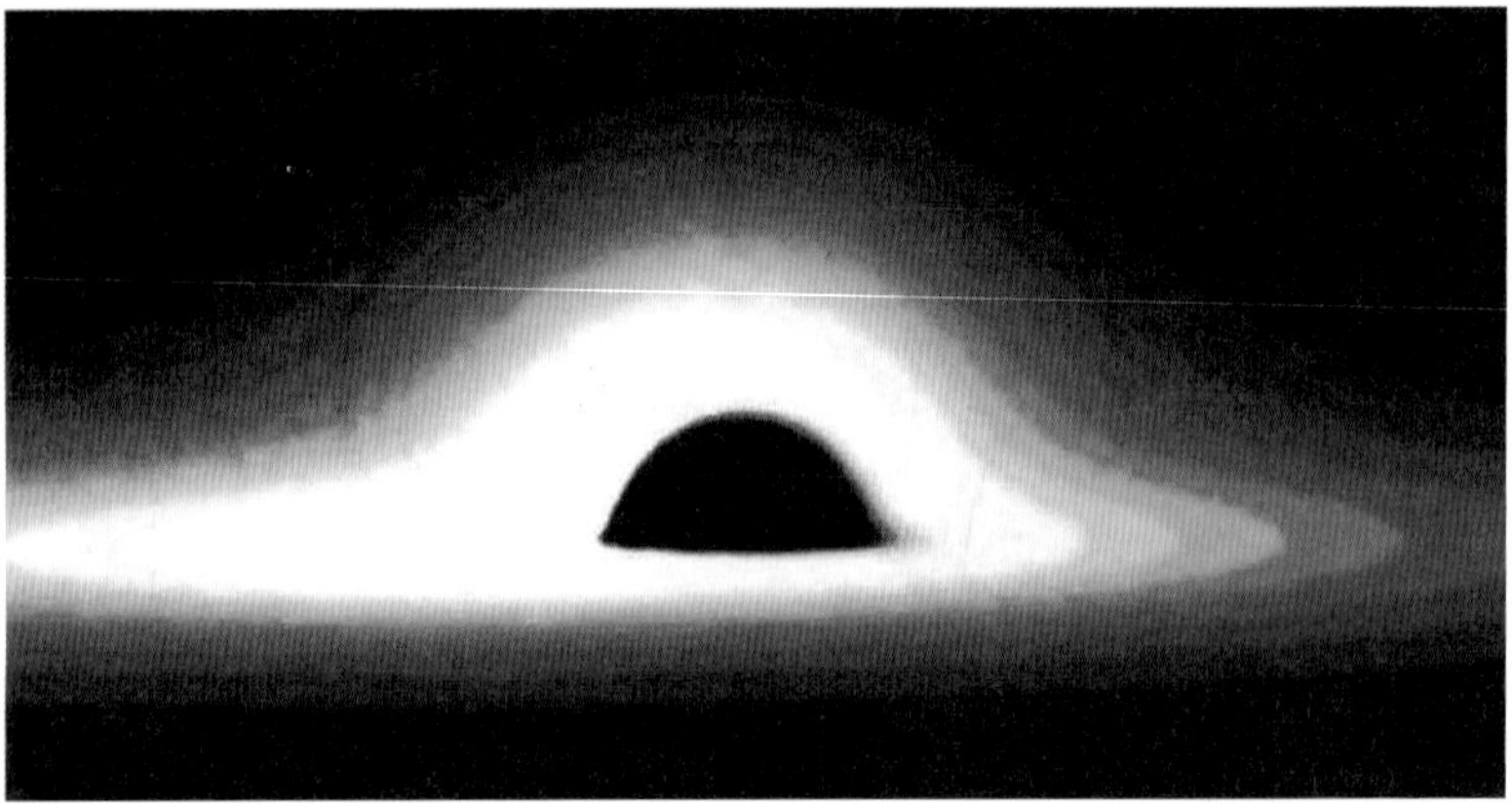

イメージを可視化する試み

ブラックホール周辺に形成される光り輝くガス円盤、「降着円盤」の〝カラー画像〟（Fukue and Yokoyama 1988）。理論的法則にもとづいてブラックホール降着円盤のリアルイメージを可視化する試みは1979年のルミネの論文から始まり、筆者自身も1988年に発表した（121頁）。

色調計算は進化する！

Color images are evolving!

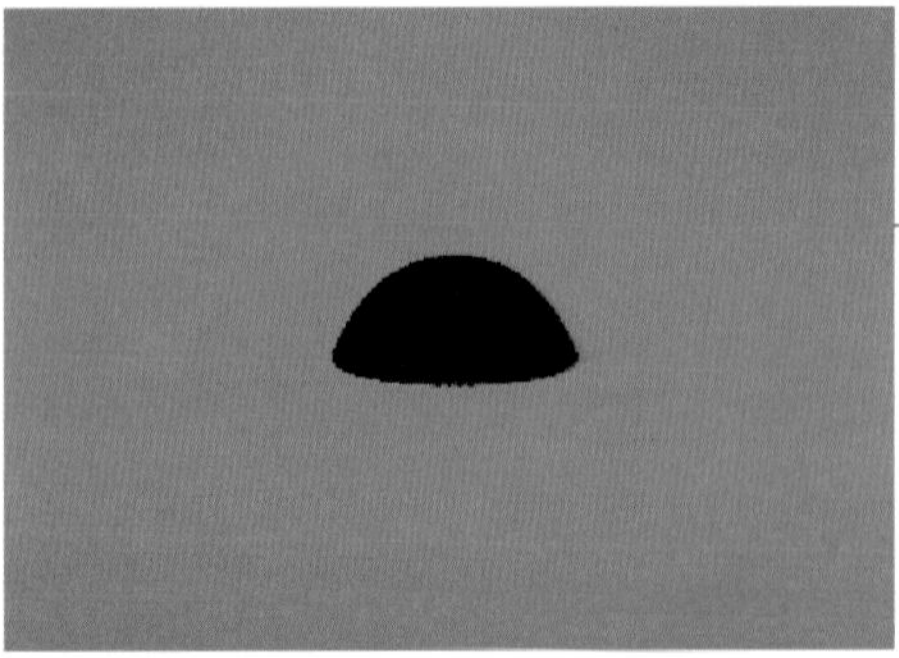

もっとリアルな降着円盤

RGB表色系にもとづいて計算した、降着円盤のカラー画像。

どういうことかというと、降着円盤各場所の温度のデータを与え、光の三原色R値G値B値（赤・緑・青）をきちんと計算して、色合成した、ということなのだ（138頁）。

90分で ブラックホールが わかる本

90 minutes to read and understand black holes

大阪教育大学天文学研究室教授

福江 純

コミック・イラスト

カサハラテツロー

大和書房

90分でブラックホールがわかる本

目次

序章

ブラックホールが〝視えた〟!!

第1章

ブラックホール、知ってるつもり!?

――もし太陽がブラックホールになったなら…

第2章　ブラックホールはどんな天体か？
――アインシュタインが一般相対論で予言したこと

第3章 ブラックホールはどこに居る？ いくつある？

——発見の歴史と新たな謎

第4章 ブラックホールはどう視える？
——光り輝くブラックホールのさまざまな姿

第5章 イベントホライズン望遠鏡がとらえたもの、とらえられなかったもの
――実際に視えたブラックホールと光子リング

終章 ブラックホール未来授業
——ブラックホール直接撮像の意義と今後

序章

ブラックホールが〝視えた〟!!

満天の星空…
この星々の彼方にこいつがいるんだな…
ね——おっさん！この辺りですっげえ美人見なかった？
たしかこっちの方に行ったと思ったんだけど…
…ん？キミは？
ぼくはアル！
そういうおっさんは？
ぼくは福江純天文学者だよ

天文？
悪いけど全然興味なし！
ぼくが好きなのは美しい人！美人！
グ
はぁ
なんだ？このマセガキは…
今もね！チラッと見かけた美しい人を追いかけてきたんだけどさ
それはまるで天使か悪魔かこの世のものとは思えない美しさで…
――ん？
その写真はなんだい？
これはブラックホールの直接撮影画像だよ
ブラックホール？

福江先生が見ていた直接撮影画像とは？

人類の前についに姿を見せたブラックホール

天文学は日進月歩の分野で、ブラックホールの合体によって発生した重力波の直接検出（GW150914：2015年9月14日に観測し、2016年2月12日に発表）に続き、**２０１９年にはついに、視えないはずの天体ブラックホールの姿が公表された。**天文学界隈だけでなく世界中の人々をあっと言わせた**ブラックホール直接撮像！** これはどれほどすごい快挙なのだろうか？ そしてそこからいったい何がわかるのだろうか？

2019年4月10日、アストロフィジカル・ジャーナル・レターズ誌に約200人の著者からなる計6本の論文が掲載されたのと同時に情報が解禁され、全世界6ヵ所で同時記者会見が行われた。そして、**約5千500万光年の距離にある巨大楕円銀河M87の中心で、ブラックホールを取り巻く電波で輝くリングの姿（ブラックホールシャドー）**が公開された。重力波の直接検出と並び、天文学的な発見としては今世紀の一大発見の報だった。

重力波の発見もすごかったが、これは、それに匹敵するぐらいに素晴らしい成果だと思う。とくに今回の発見は、研究チームの代表を務める国立天文台の本《ほん》間《ま》希樹《まれき》さん（テレビで話しているのを見た人も多いだろう）をはじめとして、何人もの日本人が貢献している点もとりわけ嬉しいことだった。

ぼく自身、30年以上前から、銀河の中心に鎮座する超巨大ブラックホールについて語り、その見え方なども研究してきたわけだが、こんなに早くに本当に〝視える〟なんて予想外で、今回の発表はほとんど晴天の霹靂《へきれき》に近かった。ましてや、〝視えた〟ときの心構えなどなかったので、ちょびっと茫然自失状態（笑）。

実を言えば、20年ぐらい前から、高校の出前授業などで、たぶん10年以内ぐらいには見つかるだろうと話していたので、10年前までは嘘つき状態だったが、この10年ほ

column

ブラックホールと、ブラックホールシャドー

そもそもブラックホールとは何かについては2章で説明するが、まぁざっくりと言えば、「重力が強すぎて光さえも出られなくなった天体」である。
ちなみに、今回撮像されたのは、ブラックホールを取り巻く電波で輝くリングであって、ブラックホールそのものではない。**ブラックホール自体はやっぱり見えないのだ！**
しかし、リングの内部の領域は、ブラックホールによって光が出てこられない領域であり、ブラックホールの姿とほぼ同等である。この内部の領域は専門的には**ブラックホールシャドー**と呼ばれている（5章で説明する）。

どは予言が当たったことになる。もっとも、ぼく自身は、まだまだ先だろうと思っていたので、この発見はほんとうにサプライズだった。もちろん２０１９年度の新学期のすべての講義で、このニュースについて紹介したのは言うまでもないし、高校の出前授業（例年の倍ぐらい依頼された）でも話しまくった。

ブラックホールが見えるのは巨大楕円銀河Ｍ87か、天の川銀河中心か

さてまずは、人類史上初めて「撮影」されたブラックホールがひそんでいた**Ｍ87銀河**について、簡単に紹介しよう。

おとめ座の方向で約５千５００万光年の距離にあるＭ87銀河は、約1兆個の星が丸く集まった楕円銀河の一種で、以前から太陽の数十億倍の質量を持つ超巨大ブラックホールが存在していることが知られていた。

ただし、ブラックホールの存在自体が推測されていることは、とくに珍しいことではない。第3章で述べるように、ブラックホールは宇宙のそこかしこにあると考えられているからだ。

中心部の星の運動の解析などから、**ぼくたちの住む地球および太陽系が属**

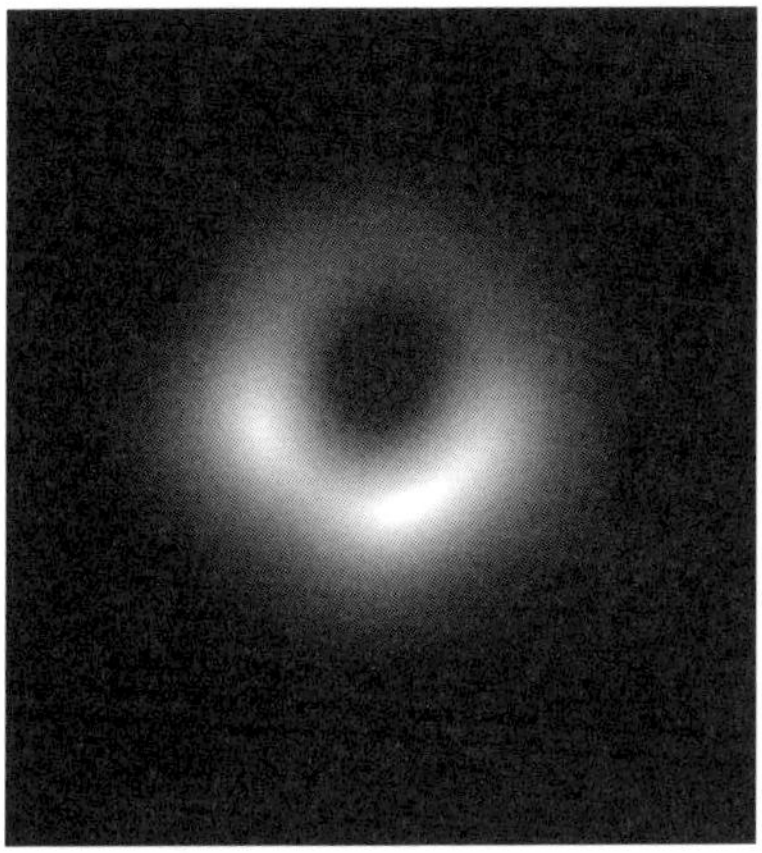

図1　電波で観測されたブラックホールを取り巻く輝くリング（EHT Collaborationによる）。本書冒頭の口絵にあるカラー画像をぜひ見てほしい。

図2　M87銀河（NASA/HST）。
左上の銀河中心部を中心として全体にボーッと淡く拡がっているのは約1兆個の星々の輝き。左上の中心部から右下へ細く明るく伸びているのが、ブラックホール近傍から吹き出した高温ガスの**ブラックホールジェット**（次章で説明する）。

する天の川銀河（銀河系）の中心にも、約400万太陽質量のブラックホールが存在していることがわかっている。

ブラックホール天文学者たちの予想では、もしブラックホールが発見（撮影）されるとすれば、（M87銀河に比べれば）少し小振りだが2万6千光年という近距離にある銀河系中心のブラックホール**いて座A*（エースター）**か、遠方にあるものの非常に巨大なM87銀河中心のブラックホールだと言われてきた。

そして2019年にまず発表されたのがM87銀河のほうだった（天の川銀河のほうも解析中）。

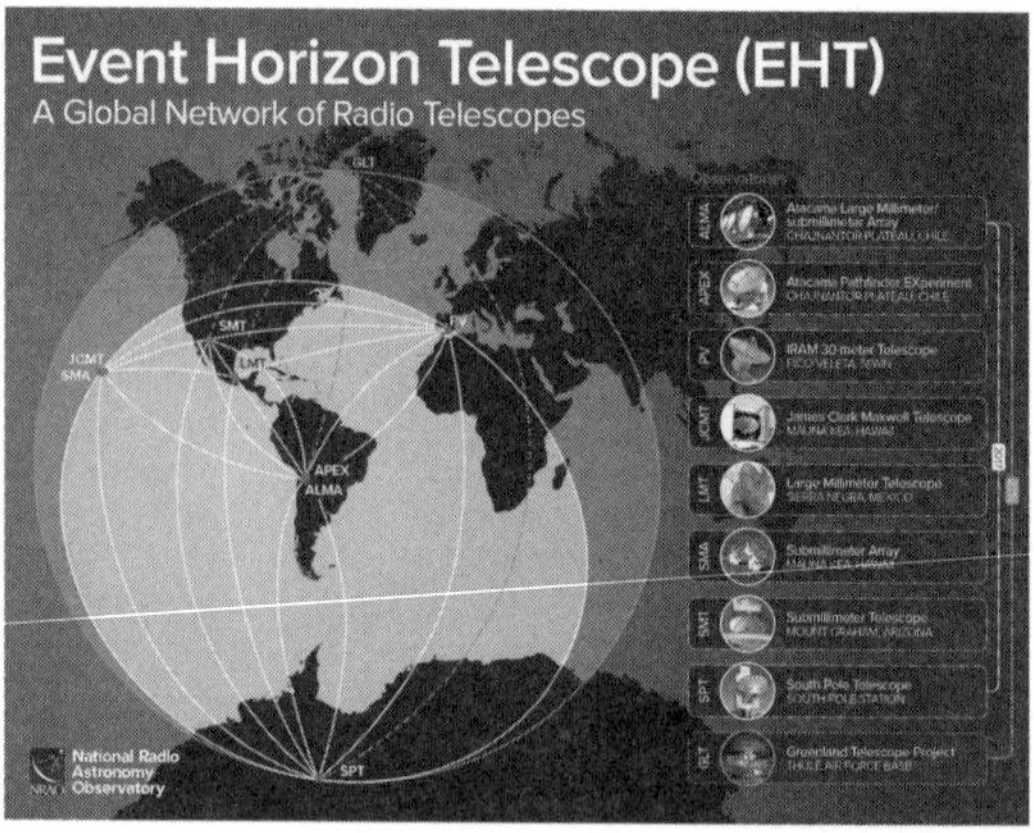

図3　イベントホライズン望遠鏡（NRAO EHT Collaborationによる）

イベントホライズン望遠鏡のすごすぎる「視力」

ブラックホールの撮像に成功したのは、地球上の6ヵ所8台の電波望遠鏡を結合した**イベントホライズン望遠鏡**である。

いま、サラリと電波望遠鏡と言ったが、正確には電波干渉計システムと呼ばれるもので、地球上に散らばった各地の電波望遠鏡で得られた受信データをハードディスクに蓄積して持ち寄り、原子時計を用いて正確に同期することで、ほぼ地球の直径、**約1万kmの口径をもつ望遠鏡に匹敵する分解能**を達成した途《と》轍《てつ》もないシステムなのだ。

分解能というのは小さなモノを見分ける性能のことで、宇宙の彼方にあるブラックホールは見かけの大きさが非常に小さいため、ものすごい分解能が必要なのである。

また観測波長が1・3㎜と電波としては比較的短いことも分解能を向上させる要因で

あった（望遠鏡の分解能は、観測する波長に比例し、口径に反比例する）。

ブラックホールの撮像を目的とした過去の観測例としては、1997年に実施されたVSOP計画で、電波観測衛星はるかが打ち上げられ、地球の2・6倍ものサイズをもつ宇宙電波干渉計が稼働したことがある。もちろん、楕円銀河M87中心部の撮像を行った。

しかし当時は、このVSOP計画をもってしても、ブラックホールを解像するには分解能が1桁足りないとされたのである。

そして2019年、みごとブラックホールを撮影したイベントホライズン望遠鏡の角度分解能は、**人間の視力の300万倍もの視力**に相当し、**月面に置いたゴルフボールを見分けることができる分解能**である。その驚異的な分解能に

column

天の川銀河＝銀河系

都会では見えなくなったが、晴れた夏の夜空をボーッと横切る光の帯が天の川である。ぼくたちの太陽系は約2000億個の星々が円盤状に集まった星の大集団の中にあり、それらの星々を内部から眺めた姿が天の川である（第3章）。

宇宙にはそのような星の大集団が無数にあって、一般的には**銀河**と呼ばれる。M87銀河や天の川銀河（銀河系）は、固有名詞なのだ。

銀河と区別した固有名である銀河系もよく使われるが、天の川銀河のほうが情緒あるよね。

よって、見かけ上の大きさがきわめて小さなブラックホールシャドーを発見することができたのだ。

もちろん観測技術の進展だけではなく、コンピュータ技術やデータ処理の格段の向上も、この快挙を後押ししている。不十分なデータを解析する解析アルゴリズムなどソフトウェア関連の進歩のすさまじさもしかり。さまざまな条件が揃ったことで、ついにぼくたちは宇宙の大いなる謎の一端を目撃することができたのだ。

ちなみに、Ｍ８７銀河の中心にあるブラックホールの観測自体は、２０１７年に実施されていた。しかし、ハードディスクあたり５００ＴＢ《テラバイト》にも及ぶ膨大な観測データを処理し、雑音を除き、整合性を取り、精密な統計処理をしてブラックホールの画像を再構成するために（そして複数の方法で確かめるために）、２年の月日を要したのである。

ブラックホールが直接に観測できて何がわかったのか？

では、このビッグプロジェクトの成功がもたらした「ブラックホールの写真」をじっくり見ていこう。

口絵の画像を見て、まず目に付くのは、ほぼ円形の明るく輝くリングだと思う。注意してほしいのは、この画像は電波観測の画像なので、実際に色が着いているわけではない、という点。電波の強いところを白く、電波が弱くなるにつれ、橙《だいだい》色、赤色と人工的に着色しているのであって、**決して、ブラックホールがオレンジ色なわけではない**のだ。

またもう一つ注意してほしいのは、この電波写真は多少ピンボケの画像だという点だ。驚異的な分解能で撮影したとはいえ、まだ多少ピントが甘くて、本来は細いリングなはずが、少しぼけて幅のあるリボンのように見えているのである。

この輝くリングの内側領域が、ブラックホールの見かけの大きさで

column

視力と分解能

視力表の下の方にある、視力1の欄にあるスキマのある環（ランドルト環という）を5mの距離から見たとき、環のスキマを見込む角度が1分角になる。つまり、視力1というのは、見かけの大きさが1分角のもの見分ける能力（分解能）を意味している。人間の目の分解能が1分角ぐらいなのだ。

そして視力300万とは、そのまま人間の眼の300万倍の分解能なのだ。あるいは、**視力表を5mの距離からではなく、5m×300万=1500万㎞（太陽までの距離の10分の1）もの距離から見て、視力1のスキマを見分けられる**ということだ。

そのような驚異的な分解能と精密なデータ処理の合わせ技が、2019年に発表された発見となったのだ。すごすぎである。

ある（より専門的にはブラックホールシャドーと呼ぶが、詳しくは第5章で説明する）。ただし、リングがぼけて幅のあるリボンのようになっているので、**リボンの中心線の内側あたりが、本来のブラックホールシャドー領域**となる。

撮影されたブラックホールシャドーの半径は、見かけの角度で、10マイクロ秒角（1度の1億分の1）という小さなものだった。Ｍ87銀河までの距離５千５００万光年から換算すると、その実距離は、０・０1光年すなわち５００億㎞と算定される。そして、**その値から推定される中心の超巨大ブラックホールの質量は、なんと太陽の65億倍もあることが判明した**のである！

輝くリングの詳細や周辺の状況については最後の章でふたたび述べるが、イベントホライズン望遠鏡の撮影成功がどれほどすごいことだったかについて、もう一言、強調しておきたい。

もう何十年も前から、ぼくを含む理論家がワーワー言ったり、理論的な計算でＣＧ画像を作成したりしていたが、それらはあくまでも〝イメージ画像〟であった。〝視えたとしたら〟というものが本当に〝視えた〟のだ！　その意義ははかりしれない。

そのために、視力３００万が必要だったのである。

それでは、以下、第1章から第3章でブラックホールの性質や観測などブラックホール天文学の基礎的な話を紹介し、第4章と第5章でブラックホールシャドーの理論的な研究の流れを辿り、そして終章でふたたびイベントホライズン望遠鏡がとらえたブラックホールシャドーのしくみと意義、そして今後の展望について述べていこう。

第1章

ブラックホール、知ってるつもり!?

もし太陽がブラックホールになったなら…

え!?
ブラックホールを知らない!?
映画とか漫画で観たことない？
うん
名前も聞いたことない？
うん
ハナホジ
まあでも
ゴシゴシ
「ブラックホール」っていうんだから黒い穴なんだろうなってことくらいは想像つくよ
で？ それがどうした？ …とも思うけどね
そう ブラックホールは穴なんだ
宇宙空間にポッカリと開いたね

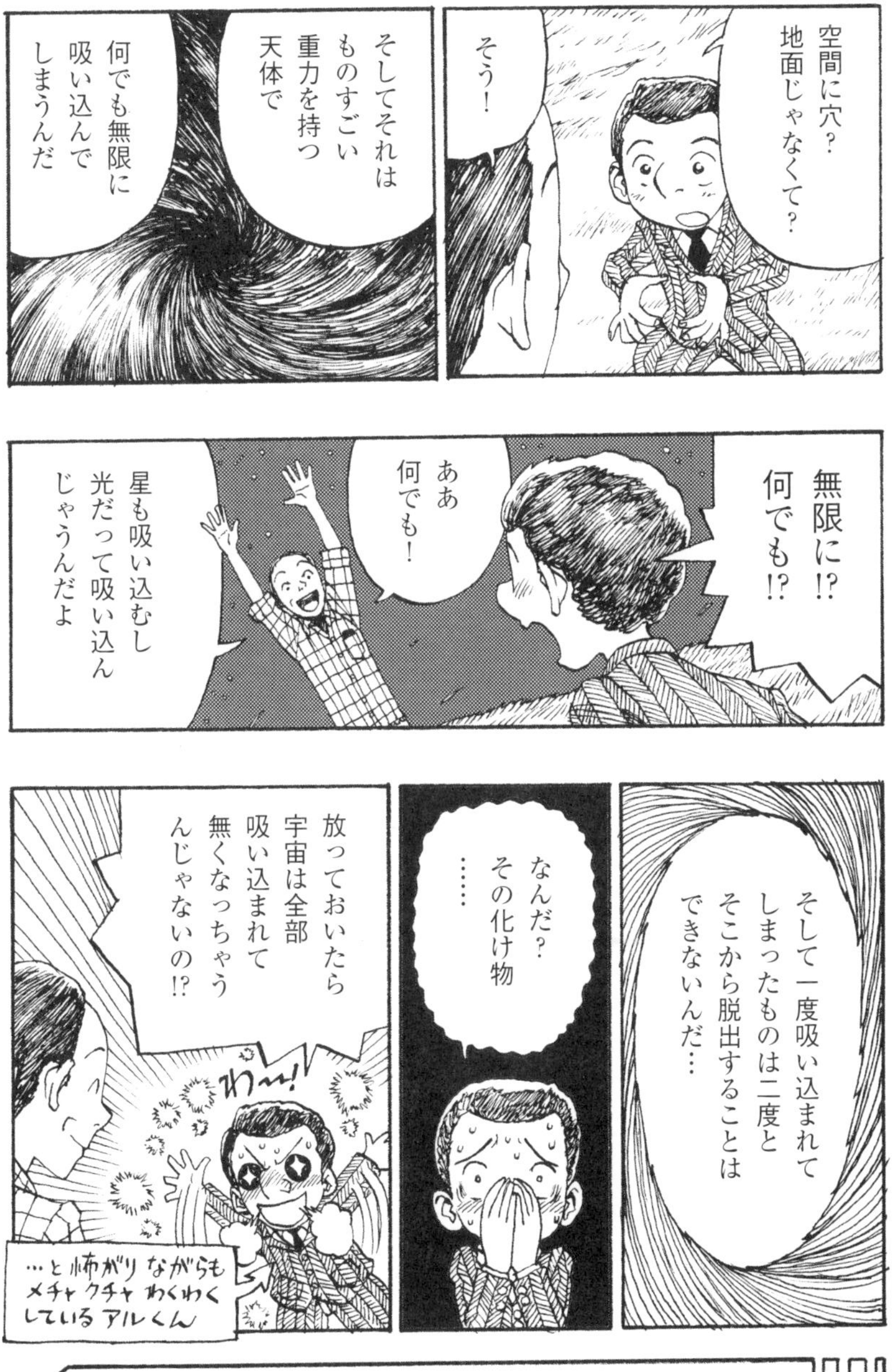
空間に穴？
地面じゃなくて？
そう！
そしてそれはものすごい重力を持つ天体で
何でも無限に吸い込んでしまうんだ
無限に!?
何でも!?
ああ何でも！
星も吸い込むし光だって吸い込んじゃうんだよ
そして一度吸い込まれてしまったものは二度とそこから脱出することはできないんだ…
なんだ？その化け物……
放っておいたら宇宙は全部吸い込まれて無くなっちゃうんじゃないの!?
わ〜〜！
…と怖がりながらもメチャクチャわくわくしているアルくん

ブラックホールの一般的なイメージとは…

ぼくたちがイメージするブラックホールの常識

この章では、おそらく世間一般で想像されているブラックホールに対して、実際に存在するブラックホール天体の意外な面を簡単にお話ししておこう。小学生でも名前ぐらいは知っているだろうブラックホールだが、この天体の真の姿や特性は、実は多くの人のイメージとはかなり異なっている。

〝ブラックホール〟は、〝ビッグバン〟、〝ダークマター〟、〝アクリーション・ディスク〟などと同じく、天文分野の専門用語（科学用語）だ。一般の人で、〝アクリーション・ディスク〟という言葉を聞いたことがある人はほとんどいないだろうが、専門用語とはいえ、〝ビッグバン〟や〝ダークマター〟という言葉を耳にしたことがある人は少なくないかもしれない。

前者の〝ビッグバン〟は宇宙のはじまりの大爆発を意味する用語で、後者の〝ダークマター〟は光や電磁波は出さないものの重力作用は及ぼす暗黒物質を意味する言葉だ。そのほかにも、宇宙の最初の急膨張を意味する〝インフレーション〟や、空間に潜在する未知のエネルギーである〝ダークエネルギー〟も耳にしたことはあるかもしれない。

しかし、〝ビッグバン〟などの言葉を聞いたことがなくても、**〝ブラックホール〟というワードを聞いたことがない人はいないだろう。** あらゆる専門用語の中で、おそらく〝ブラックホール〟はもっともよく耳にする用語だと思う。

一方、言葉は有名でも、実際のブラックホールがどのような天体かについては、案外と知られていないのではなかろうか。しばしば「ブラックホールのように……」という喩えを耳にすることから想像するに、ブラックホールとはこういうものなのだ、という少々通俗的な固定観念が一般常識として確立しているようだ。

では、ブラックホールとはどういうものなのだろう。少しイメージをしてみてほしい。

- **真っ黒なもの？**
- **空間の穴？**
- **何でも吸い込む？**

職業柄、高校生や一般の人に講演する機会がしばしばあり、「最新宇宙論入門」や「最新太陽系像」や「ＳＦ天文学入門」などのコンテンツで話すことも多いが、やはり人気なのは、「ブラックホール」の話題だ。講演の冒頭でブラックホールのイメージを尋ねて回ると、数人に訊くだけで、〝真っ黒な穴？〟〝何でも吸い込む？〟など、こちらが欲しい答えが戻ってくる。やはりこれらが、ブラックホールに対する世間一般の常識あるいは固定観念なのだろう。

しかし、**その常識は本当なのだろうか？**　ブラックホールは多くの人々が思っているようなモノなのだろうか？

非常識なブラックホール

たしかに、ブラックホールは、この世で一番速い光でさえ吸い込んでしまう空間の〝黒い穴〟には違いない。ブラックホールは光を発しないし、光を反射しないので、ブラックホール自体を光で見ることはできない。だから、このイメージは間違いではない。

でもそれだけならば、宇宙のそこかしこで見つかっている数多くのブラックホール天体を、ぼくたちは見つけることができなかっただろう。

そう、常識に反して、**ブラックホール（の周辺）は光り輝くことがある。**

そしてこれが大事なところだが、ブラックホール（周辺）が光り輝くからこそ、そのような光り輝いているブラックホールを観測して、電磁波スペクトルの特徴や振る舞いなどから、それがブラックホール天体だと認定できるのである。

すなわち、**〈光り輝くブラックホール〉という概念が、ブラックホールの非常識の一つ**だ。

もっとも、ブラックホールが直接に観測されたいまでは、この非常識も常識になりつつあるだろう。

本書では光り輝くブラックホールがどのように見えるかについて、詳しく紹介していきたい。

さらにまた、**ブラックホールは光でも何でも吸い込む時空の穴**だ。柔らかいモノでも硬いモノでも、固体物質でも液体でもガス状物質でも、選り好みはしない。自分よりも大きな天体でさえ、引き裂きながら貪り食ってしまう。このイメージのほうも間違いではない。

ただし、この常識的イメージは、ブラックホールの能力を過大評価し過ぎているともいえる。だって少し考えてみてほしい。ブラックホールが何でも吸い込み放題ならば、とうの昔に、宇宙中がブラックホールだらけになってしまっているだろうが、実際はそんなことにはなっていない。

たとえば、仮に、**太陽がいまブラックホールになったとしても、地球が太陽に吸い込まれてしまうことはない**のである。あとで詳しく述べるが、太陽がブラックホール化しても質量は変わらないので、地球は、ブラックホール化した太陽のまわりを粛々と運行し続けるのだ（もっとも昼間はなくなるので、たいそう困ったことにはなるだろうが）。

そして**何でも吸い込むという常識に反して、ブラックホールは吸い込むだけではなく、その周辺から物質が吹き出すことさえある。**それらは多くの場合、２本の高温プラズマガス流として存在し観測され、**ブラックホールジェット**と呼ばれている。ブラックホール周辺からのガス流の吹き出しという点からは**ブラックホール風**と呼ばれることもある。

すなわち、**〈ブラックホールジェット〉あるいは〈ブラックホール風〉という概念が、ブラックホールの非常識のもう一つ**なのだ。

ブラックホールが光り輝くしくみ

ところで、世間一般の常識に反して、ブラックホールが光り輝いたり、ブラックホールジェットが吹き出す理由（しくみ）は何だろう。その理由は本書を読んでもらえばわかります。謎解きは後のお楽しみとしておきましょう。

……と前フリしておくのが、まぁ、第1章あたりでの常套手段ではあるのだが。そのまま素直に受け取って後の楽しみにしてくれた人もいるだろうが、ぼくは謎をお預けされるとイライラするほうだ。それに、理由といっても小難しい理屈があるわけではなく、基本的には非常に簡単な話なので、少し先取りして、ここで概要を説明して

column

ブラックホールジェットとブラックホール風

地上での空気の運動を一般に風と呼ぶように、宇宙におけるガスの運動も、「＊＊風」と呼んでいる。たとえば太陽から吹いているガス流は太陽風と呼ぶし、ブラックホール周辺からのガスの吹き出しはブラックホール風となる。
ただし、地上でも上空では方向の揃ったジェット気流があるように、宇宙においても方向が揃った細い流れはジェット流と呼ぶ。そして、ブラックホール近傍から吹き出す細く絞られた高温ガス流がブラックホールジェットだ。

おこう。

まずブラックホールが光り輝くしくみについて。

太陽を含め夜空の星々が光り輝いているのは、いわゆる核融合反応のためだ。太陽はほとんど水素ガスからできているが、中心部ではガスは圧縮されて高温高密度となり、水素の原子核（陽子）が核融合を起こして最終的にヘリウムに変わり、その際に熱や光のエネルギーを発生する。

と、さらっと書いたが、核融合反応をきちんと理解するためには量子力学の知識も必要となり、予想外に難しい内容となる。

ちなみに、話は逸れるが、太陽のような星でエネルギーが発生しているのは中心部（の1割から2割程度の領域）のみである。それより外側ではエネルギー発生は起こらず、中心部で発生した熱と光が運ばれているだけなのだ。

よく、〝真っ赤に燃える太陽〟などと言うが、太陽の表面で燃えているモノはなにもない。

太陽の表面の温度は約六千度だが、これは太陽の〝体温〟のようなものだ。体温が摂氏36度（絶対温度で約３００度）ぐらいの人間は赤外線を放射しているので、赤外線写真を撮ると白く光って見えるが、太陽は〝体温〟が6千度もあるために、可視光線で光って見えているのだ。

話を戻すと、太陽が光るしくみと比べ、ブラックホールが光り輝くしくみは、小学生でも理解できるぐらい簡単なもので、講演などでも一枚の図だけで説明する。

37ページの図にあるように、**ブラックホールが光り輝くしくみは、水力発電所で電気を起こすしくみと基本的には同じ**なのだ。

水力発電所では、まず（1）河に水を堰《せ》き止めるためのダムを造る。

つぎに（2）雨などが降ってダムに水が十分に溜まる。

そして（3）ダムの上から下へ水を流して、その際に得られた水流でタービンを回して発電する。

つまり、エネルギー的な言葉でいえば、水が溜まった際にダムの落差で生じた位置エネルギーを、水を落とすことで水の運動エネルギーに変え、最後は電気エネルギーに変換しているのだ。核融合反応よりははるかに単純でわかりやすいエネルギー発生

（変換）のメカニズムだろう。

ブラックホールが光り輝くしくみも原理は同じである。

ブラックホールは強い重力をもっているので、まず（1）ブラックホールそのものが天然の超重力ダムになっている。

つぎに（2）ブラックホール近傍のガスがブラックホールに吸い寄せられてエネルギー発生の原料となる。

そして（3）ブラックホールへ落下する際にガスは激しくぶつかり合い、非常に高温となって、ブラックホール周辺でガスが光り輝くのだ。

やはりエネルギー的な言葉でいえば、**ブラックホールの落差で生じた位置エネルギーは、ガスが落下する過程でガスの運動エネルギーや内部エネルギー（熱エネルギー）となり、最後に光エネルギーに変換されている**わけだ。

だから、雨が降らずダムが干上がると発電できなくなるように、**まわりからガスが降ってこなければブラックホールも光り輝くことはできない。**そのようなブラックホールは、真っ黒で光らない常識的なブラックホールとなっている。

■ブラックホールは「宇宙の重力発電所」

ブラックホールジェットが吹き出すしくみ

つぎにブラックホールがジェットを噴出するしくみを説明してみよう。これも一枚の図で説明できる。

図にあるように、**ブラックホールジェットのしくみは、流し台に水を流す状況と似ている。**

流し台に水を流すとき、水道から少しずつ水を流していけば、いくらでも水は下水に流れていくだろう。しかし洗い水をいちどきに流そうとすると、すぐには流れきらず、しばらく水が溜まっているだろう。その原因は排水口の大きさが小さい（有限な）ためだ。さらには、バケツで水を放り込めば、水は流し台から溢れ出したり、跳ね返ってきたりすることだろう。

ブラックホールにガスが落下する際にも、類似の現象が起こる。ガスが少しずつ落下する限り、ブラックホールはすべてのガスを吸い込んでしまえる。ブラックホールの胃袋は無限に大きくて、時間さえかければ、何でもいくらでも吸い込めるのは間違

■ブラックホールから高温のジェットガスが噴き出すしくみ

ブラックホールの胃袋は底なしだけど、喉元は有限なんだ
だから、大量のガスが落ち込んでくると一度に吸い込みきれず、吐き出してしまう。このとき、中心の天体から双方向に噴き出す、細く絞られたプラズマの流れをブラックホールジェットと呼んでいるんだ

ブラックホールの常識からブラックホールの非常識へ

時期	一般の常識	一般の非常識 (研究者の常識)	先駆者
1970年ごろ	真っ黒でみえない	真っ黒でみえない	光り輝く (リンデンベル)
1990年ごろ	真っ黒でみえない	光り輝いてみえる	シャドー (ルミネ、福江)
2010年ごろ	真っ黒でみえない	シャドーが浮かぶ	
2019年	ブラックホールシャドー発見!		

いないからだ。

しかし、大量のガスが落ち込んでくると、それらをいっぺんに吸い込むことはできない。ブラックホールの表面積、いわば、ブラックホールの喉元の大きさは有限だからだ。そして、吸い込みきれなかったガスは、ブラックホール周辺から吹き飛ばされてしまう。ガスはたいていは回転運動をしていて円盤状に落ち込んでくるので、吹き飛ばされるガスは円盤に対して垂直な方向に飛び出していくことになる。その結果、ブラックホール風やブラックホールジェットが生まれる。

ブラックホールの一般的なイメージと実際の姿の違い、ブラックホール周辺で起こる活動現象について、少しイメージしてもらえただろうか。

つぎの章では、「じゃあ、ブラックホールって、そもそもどんなもの？」という疑問に答えていこう。

第2章

ブラックホールはどんな天体か？

アインシュタインが一般相対論で予言したこと

わあ！
ブラックホール
マジすっげー!!
ひゃあ！
強い！
コワい！
カッコイイ――!!
ブン ブン
いかにも少年らしい
感動のしかただね
うんうん
つまり
美しい人と
同じって
ことか――！
前言撤回
このマセガキ
め…
いや！
だってさあ
光り輝いて
近寄り難い
んでしょ？

そして一度虜になってしまったら二度と離れられなくなるんでしょ？
神秘のヴェールの向こう側で無限の可能性を秘めている…
それって美人さんそのものでしょ！
そ…そうかな？
ああ！俄然興味がわいてきちゃったよ！
ねぇおっさん!!
ブラックホールのこともっと教えてよ!!

ブラックホールの正体とは？

ブラックホールという概念のはじまり

ブラックホールとは光さえ出てこられない天体というが、ほんとうのところ、ブラックホールとはどんなモノなのだろう。この章では、ブラックホールという天体について、もう少し丁寧に説明してみたい。

なお、ブラックホールの歴史の最初から、〝ブラックホール〟という言葉が使われていたわけではないが、いろいろ言い方を変えると混乱するので、ここではブラックホールと呼ぶことにする。

ブラックホールが実在の天体として捉えられ、ブラックホール天文学が発展したのは20世紀後半だが、すでに18世紀末には、ブラックホールのような天体が想像されていた。イギリスの天文学者ジョン・ミッチェルやフランスの科学者ピエール・シモン・ド・ラプラスらは、**当時のニュートン力学を使って、光では見えない天体のことを想像していた**のだ。

ブラックホールのイメージが具体化するための鍵は、**脱出速度**という考え方である。

もし天体の半径が同じならば、天体の質量が大きいほど表面での重力が強いので、天体からの脱出速度は大きくなる。また天体の質量が同じなら、天体の半径が小さいほど表面での重力が強くなるので脱出速度は大きくなる。さらに、天体の密度が同じならば、天体の半径が大きくなれば、脱出速度は天体の半径に比例して大きくなる。


そこでミッチェルやラプラスは、**天体の密度は同じまま天体を大きくしていくと、その結果、天体の質量も大きくなり、ついには脱出速度が光速を超えてしまうだろう**と考えた。たとえば太陽と同じ密度の天体で、太陽の約480倍大きな天体では、計算によると表面での脱出速度が秒速30万km＝光速にな

column

脱出速度って何？

地球などの天体表面からロケットを打ち上げたとしよう。打ち上げ速度が小さければ、ロケットはふたたび天体の表面へ落ちてくるだろうが、十分に大きな速度で打ち上げれば、ロケットは天体の重力を振り切って無限の彼方へ飛び出していくはずだ。

この天体から無限遠に脱出できる最低限の速度が、その天体の脱出速度だ。たとえば、地球の脱出速度は秒速11.2㎞で、太陽の脱出速度は秒速618㎞になる。

る。そして**そこからは光でさえ脱出できない**ので、そのような天体を観測することはできないだろうと予想したのである。

シュバルツシルトのブラックホール

17世紀の大天才アイザック・ニュートンと並ぶ20世紀の大天才が**アルベルト・アインシュタイン**だ。

ニュートンは、運動の法則と万有引力の法則をまとめあげて、空間内における運動や重力の関係を導き、現代科学の基礎を打ち立てた。

一方、アインシュタインは、１９０５年に提出した**特殊相対論（時空と光の理論）で時間と空間を時空として統一**し、１９１６年に完成させた**一般相対論（時空と重力の理論）で時空と重力の関係を再構成**し、その後の科学を大きく変えた。

この**アインシュタインが創り上げた一般相対論が、ブラックホールと深～く関わっている。**

図4　アインシュタイン（左）とシュバルツシルト（右）

ちなみに、ニュートンは万有引力の理論以外でも、光学や微積分その他の科学分野を発展させた。アインシュタインも相対論以外に、量子力学や統計力学その他の科学分野を発展させた。彼らが大天才と呼ばれる所以《ゆえん》だ。

ニュートンの科学を使っても、脱出速度という概念を用いてブラックホールのような天体を考えることはできたが、アインシュタインが時空と重力の理論である一般相対論を完成させてはじめて、ブラックホールを正しく取り扱えるようになった。したがって**ブラックホールは一般相対論の産物**といえる。

とはいえ、アインシュタイン自身がブラックホールを考えたわけではない。一般相対論の完成直後に、**ドイツの物理学者カール・シュバルツシルトが一般相対論の複雑な方程式の解として解き明かしたモノがブラックホールの原点**なのだ。

天体のまわりでは空間が曲がっている

ではブラックホールの存在を予見させた一般相対論とは、いったいどんな理論なのだろうか。

アインシュタインの一般相対論では、物体同士に働く重力作用を3次元空間の曲がりとして捉える。**質量をもった天体の周辺では空間が曲がっていて、その曲がりに沿って、運動が起こり重力作用が働く**と考えるのだ。

とはいえ、空間が曲がっていると言われても、ふつうの感覚では空間の曲がりを感知できない。地球の周辺では空間の曲がり方が非常に小さいためだ。

これは日常生活では大地が平らだと感じられるのと同じ理屈である。地球は非常に大きいため、身のまわりの生活範囲では地面の曲がりはわからない。しかし、知ってのとおり、宇宙から見た地球は丸く曲がった球体である。

地球の表面は2次元の曲面で丸く曲がっているが、質量をもった天体周辺の3次元の空間もある意味で丸く曲がっている。しかし、地球の表面に居ながらにして地球全体の曲がりを表現するのが難しいように、3次元の空間内部に居て3次元空間の曲が

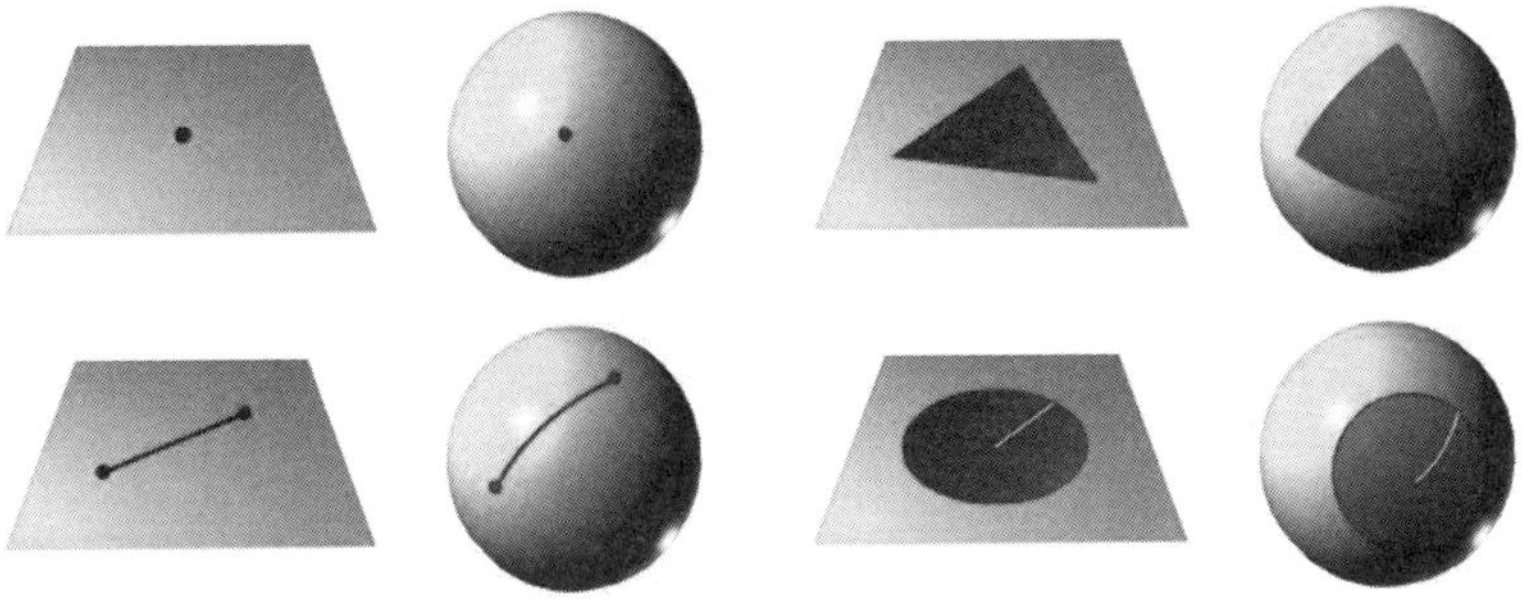

図5　平らな平面と曲がった球面の違い。「点」は平面でも球面でも位置を表す。「直線」は2つの点を結ぶ最短距離の道筋として定義できるが、球面では曲がった大円となる。「三角形」は3本の直線で囲まれた図形だが、平面では三角形の内角の和は180度だが、球面では180度より大きい。「円」は1点から等距離の軌跡だが、平面では直径と円周の比は円周率πとなるが、球面ではπより小さくなる。

りを表現するのは簡単ではない。

　ただし、その曲がりを調べる術はある。空間内の測量を積み重ねるのだ。

　家を建てるときなど、家の向きをきちんと決めたり土地の境界を定めたりするために、地面の測量をする。測量をするための道具（測量器）では、距離や角度を測ることができる。異なった3点を取り、各点を〝直線〟（最短距離の道筋）で結んで三角形を決めるのがもっとも基本的な測量なので、**三角測量**という。地面で3点を取り、三角測量をして各頂点の角度を測り、内角の和を取ると、１８０度となる。

　では三角形をどんどん大きくするとどうなるだろう。

　もし大地がどこまでも平らなら、内角の和は常に１８０度のはずだ。しかし地球の表面は曲がっているので、ある程度大きな三角形になると、内角の和が１８０度より大きいことが測量結果から判明するだろう。このとき、各頂点を結ぶ〝直線〟（最短距離の道筋）は、大円、すなわち地球という球体の中心を通る平面と地表面の交線の一部となる。

　こうして、十分に大きな三角形を使って三角測量を行えば、地表に居ながらにして、地球表面の曲がりを測定することができる。

　同様にして、3次元空間に居ながらにして、空間の曲がりを測定することができるはずだ。

　太陽のまわりの空間の三角測量を考えてみよう（図6）。

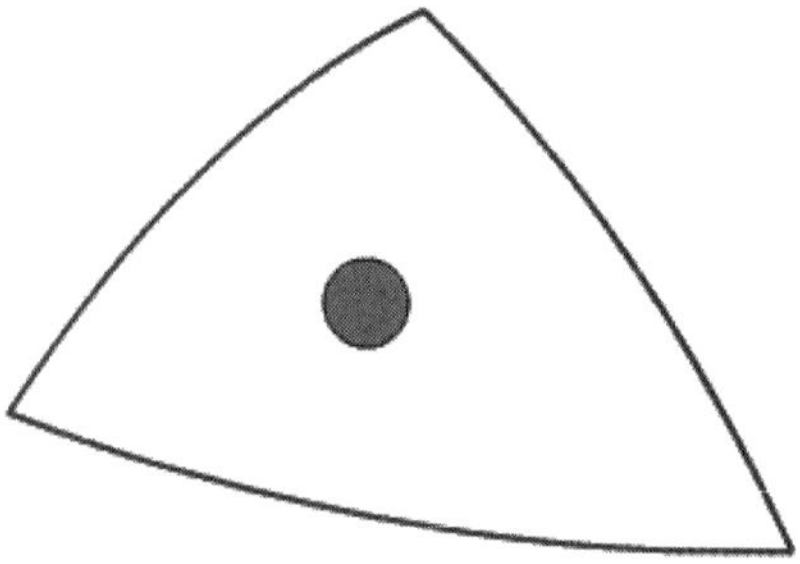

図6　太陽のまわりの三角形（曲がりは誇張してある）。光線を直線として、太陽のまわりで三角形を描くと、内角の和は180度より大きくなる。

宇宙空間に存在する惑星や惑星探査機を太陽を取り巻く三角形の頂点とする。頂点を結ぶ直線には光（レーザー光線や電波）を使う。すると、光は曲がった空間で最短距離の経路である〝直線〟を辿ると想定される。実際、地表の三角測量や月の距離測定でも、レーザー光線を使ったレーザー測距が使われているので、光を直線代わりに使うのは妥当だ。
　このようにして**太陽周辺で三角測量を行うと、太陽を取り巻く三角形は、地表で描いた大きな三角形の場合のように、内角の和が180度**

より少し大きくなっているのだ。

こうして、アインシュタインの一般相対論で推測されたように、質量をもった天体である太陽のまわりでは、実際に空間が曲がっていることが証明された。そしてその曲がり方は、一般相対論から予測された値と、９９・９９９９％の精度で合致したのだ。

空間の曲がりとブラックホール

空間の曲がりを記述する一般相対論を理論的に説明するのは大変に難しいので、太陽周辺の太陽系空間が実際に曲がっているという〝事実〟を紹介した。ちなみに、太陽に比べ地球の質量（重力）は非常に小さいが、地球周辺での空間の曲がりも現在では測定されている。

さて、いつになったらブラックホールの話に戻るのかとヤキモキされていたとしたら申し訳ない。**質量をもった天体のまわりでは空間が曲がるという〝事実〟から、ブラックホールまではもうすぐだ。**

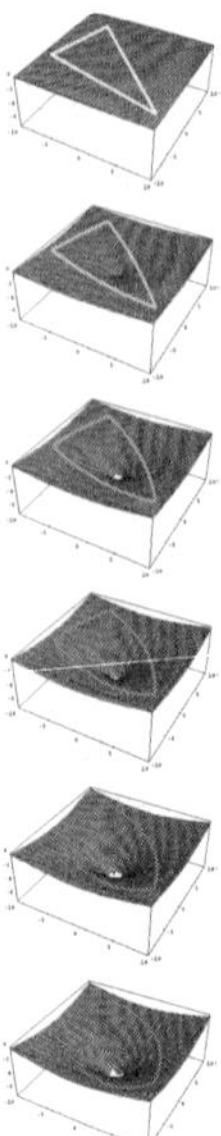

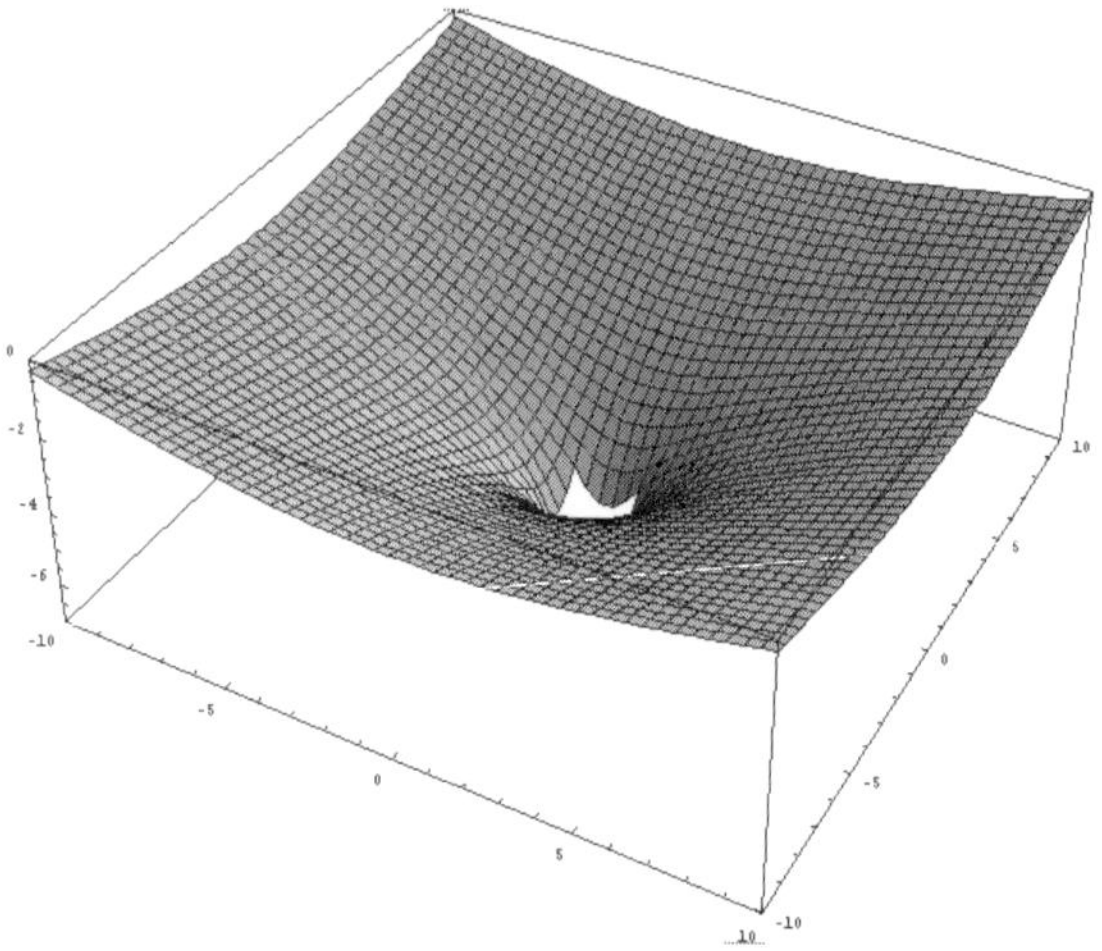

図7　空間の曲がりが大きくなると三角形もどんどん歪む。そしてついには光線でさえ空間の曲がりから逃れられなくなる。
右図：アインシュタインの一般相対論の曲がり方どおりに曲げた2次元面。

脱出速度のときのように、同じ半径で質量を大きくしたり、同じ質量で半径を小さくしたりしてみよう。

そういう天体のまわりでは空間の曲がりはどんどん大きくなっていくことだろう。光を使って三角形を描くと、その三角形はどんどんいびつなものになっていく（図7）。

空間の曲がりが小さいうちは、やや膨らんだ形とはいえ、三角形の形をしているだろうが、空間の曲がりが大きくなると、三角形の〝辺〟は外側に大きく膨らんでいくだろう。

先に述べたように、レーザー光線などの光を飛ばして、三角形の〝辺〟である〝直線〟を描いたとしても、向かいの頂点の方向に光線を発しただけでは、光線は天体の方向に曲げられて向かいの頂点には届かずに天体に落ちてしまう。わざわざ天体から離れる方向に飛ばして、ようやく頂点に届くことになる。

そして空間の曲がりがさらに大きくなると、どの方向に飛ばしても光線は天体に落ちてしまい、向かいの頂点に届くどころか、天体から外部へ光線を飛ばすこと自体が不可能になることだろう。

このような、**空間の曲がりが極度に大きくなって、光でさえも空間の曲がりに閉じこめられてしまうようになった天体**が、一般相対論の予言するブラックホールなのだ。

星が重力崩壊してブラックホールになる

ブラックホールの歴史に話を戻そう。

シュバルツシルトがブラックホールを表す解を導いたころは、ブラックホールという概念はまだあやふやなモノで、実際の天体として実在するかどうかも不明だった。おそらく一般相対論の複雑な方程式の一つの特殊な解として扱われていたのだろう。

同じ1916年に、ライスナー＝ノルドシュトルム解と呼ばれる、シュバルツシルトが導いたのとは別タイプのブラックホール解が得られたが、その後20年以上、ブラックホール研究の進展はとくになかった。

ブラックホールを巡る理論のつぎなる大きな進展は１９３９年に起こった。１９２０年代に星の構造や進化の研究が進み、１９３０年代は星が進化して最終的にどんな天体になるかが調べられた時期だ。

そして、アメリカのロバート・オッペンハイマーとハートランド・シュナイダーが、１９３９年に**星が死んだときの振る舞い**を詳しく調べた。

太陽のような星は、中心部で水素がヘリウムに変換する核融合反応を起こして、その際に発生する熱と光で星の明るさを発生させると同時に、中心部を高温高圧に維持して星全体を支えている。では、その核融合反応は永久に続き、星は輝き続けるのだろうか? 否、である。何事にも終わりはくる。

中心部(約1割から2割ぐらい)の水素がすべてヘリウムに変わると、中心では水素がヘリウムに変換する核融合反応は起こらなくなり、熱源がなくなる。これが星の死のはじまりだ。ヘリウムが炭素や酸素などのもっと重い元素に変換する核融合反応もあり、一時、星の熱源が復活することもあるが、いずれは必ず核融合反応は終わり熱源はなくなる。

■大質量の星が重力崩壊すると…

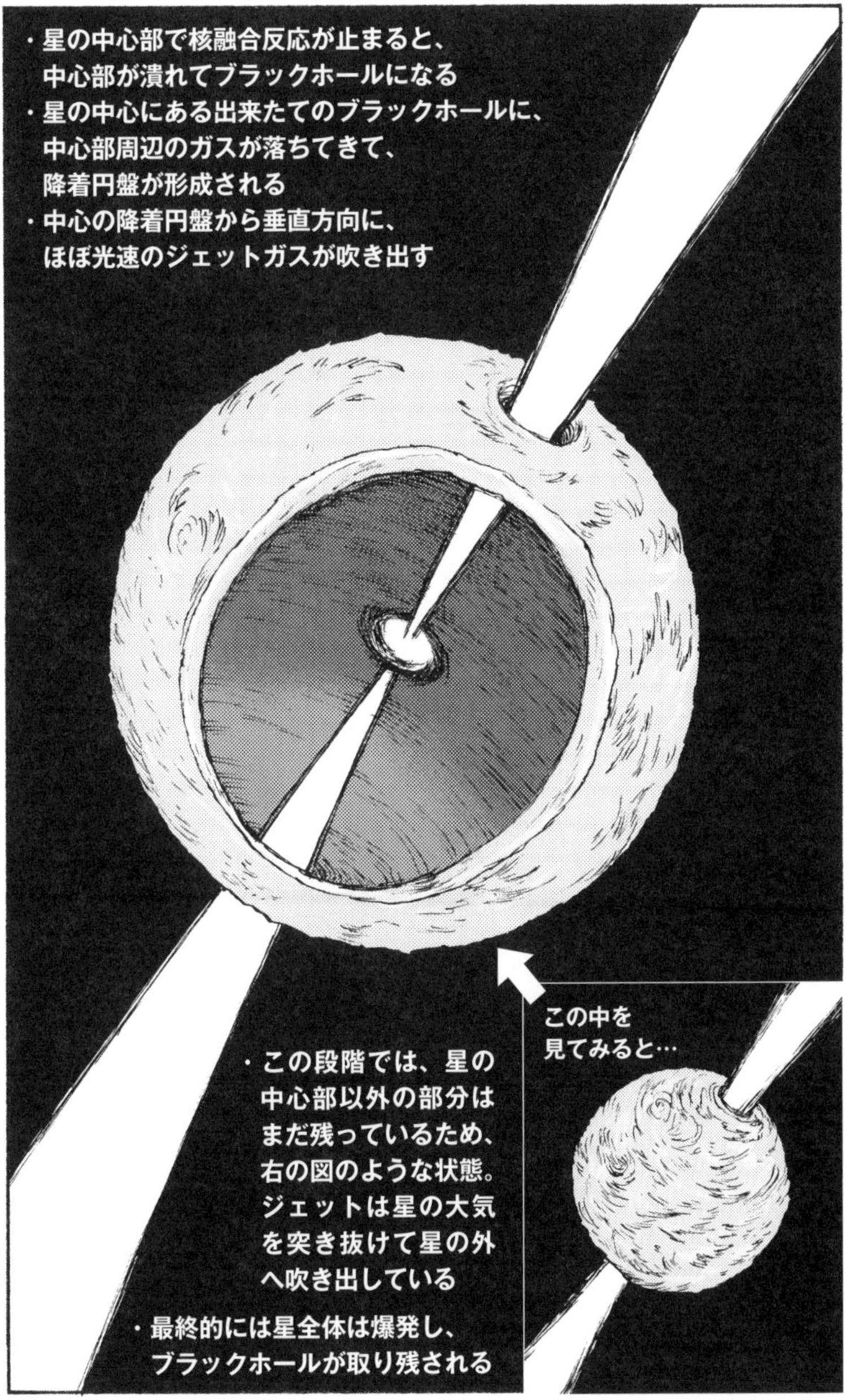
・星の中心部で核融合反応が止まると、
中心部が潰れてブラックホールになる
・星の中心にある出来たてのブラックホールに、
中心部周辺のガスが落ちてきて、
降着円盤が形成される
・中心の降着円盤から垂直方向に、
ほぼ光速のジェットガスが吹き出す
この中を
見てみると…
・この段階では、星の
中心部以外の部分は
まだ残っているため、
右の図のような状態。
ジェットは星の大気
を突き抜けて星の外
へ吹き出している
・最終的には星全体は爆発し、
ブラックホールが取り残される

太陽のような比較的軽い星の場合は、核融合反応が終わった後も、炭素や酸素などの元素がそのまま集まったまま、白色矮星《わいせい》と呼ばれる星になって残ることができる。中性子星と呼ばれる星が残されることもある。

しかし質量の大きな星の場合、核融合反応が終わって熱源がなくなると、中心部以外にまだ存在するガスの重さを支えることができなくなり、ガスは自分自身の重力によって引き合い中心に向けて落下する。これが**重力崩壊**と呼ばれる現象である。オッペンハイマーとシュナイダーが調べたのは、このような星の重力崩壊の振る舞いだった。

彼らは、一般相対論を使って星の重力崩壊を調べ、**星は無限小の大きさまで重力崩壊し続ける**ことを示した。

星の質量が一定のまま、星の半径がどんどん小さくなり無限小まで縮んでしまうということは、**どこかの段階で、とてつもない密度をもつ天体、すなわちブラックホールになってしまう**ことを意味している。

こうして、**大質量の星が死んで重力崩壊したときに、ブラックホールが形成される**ことが、理論的〝には〟示された。これによって、一般相対論のたんなる解の一つではなく、天体現象としてはじめてブラックホールの存在が予言されたのである。

ブラックホール天体はくちょう座X－1の発見

ところが、オッペンハイマーとシュナイダーの研究の後、ブラックホールの研究はふたたび停滞期に入る。それも30年以上も停滞する。まだブラックホールは理論上の予言、悪く言えば机上の空論であり、**宇宙に実在するかどうかが観測などで検証されていなかった**からだ。

もっとも、停滞期にも、理論的な研究は少しずつ進展した。

たとえば、1963年には、ニュージーランドの物理学者ロイ・カーが、新しいブ

column

星の死と重力崩壊

星は質量によっていろいろな死に方をする。

太陽ぐらいの質量の星は、最後は赤色巨星となって、外層大気は膨張して惑星状星雲になり、一方、中心核は縮んで白色矮星というものになって終わる。

太陽の8倍より重い星は、最後は超新星爆発を起こして爆散し、太陽の30倍くらい以下だと中性子星を残す。

そして**太陽の30倍くらい以上だと、中心が重力崩壊してブラックホールになる。**

重力崩壊とは、何やら究極奥義のような恐ろしい響きがするが、やっぱり奥義かな。

図8　ロイ・カーと筆者（2007年）。京都大学で行われた一般講演を聴講しに行ってゲット（笑）したもの。

ラックホール解を発見し、1965年にも新しいブラックホール解が発見された。後に詳しく述べる、ブラックホール降着円盤という新パラダイムの提唱もあった。

　そして理論的な進展は多少はあったといえ、約30年にわたる停滞期を経て、1971年、実際の宇宙において、**ブラックホール天体、はくちょう座X－1**がついに発見されたのである。

　次章で詳しく紹介するが、ブラックホール天体の発見によって、ブラックホール天体現象を研究するブラックホール天文学が真に開幕したといえる。そしてその結果、ブラックホール活動天体自体の研究はもちろん、恒星進化や連星進化でのブラックホールの果たす役割、星間現象へのブラックホールの影響、ブラックホールと銀河の共進化、宇宙初期におけるブラックホールの役割、ブラックホール合体による重力波現象、そしてブラックホールシャドーの予言など、実にさまざまな道が切り拓かれた（切り拓かれつつある）のだ。

ブラックホールという言葉の名付け親は？

ちなみに、ブラックホールという呼び方だが、この名前も1960年代に提唱された。

最初にも触れたように、ことの起こりからブラックホールという名称があったわけではない。たとえば、オッペンハイマーたちが星の重力崩壊で〝ブラックホール〟ができることを示した当時は、**重力崩壊星**などと呼ばれていた。日本語ではもちろん、英語でさえ耳慣れない呼び方だ。

あるいは、ブラックホールの表面では時間が止まって見えることから、**凍結星**と呼ばれたこともある。これも専門用語じみて、わかりにくい。

ブラックホールという平易な呼び方が歴史に現れるのは、1964年になってからだ。**科学ジャーナリストのアン・ユーイングが「Science**

図9　ジョン・アーチボルト・ホイーラー

News Letter」誌の１９６４年1月18日号の記事で使ったのが、形に残る「ブラックホール」というネーミングの最初の使用例である。

その後、１９６７年12月29日の講義で、相対論の大家で著名な科学者のジョン・アーチボルト・ホイーラーがこの言葉を使い、人口に膾炙《かいしゃ》した。そのためホイーラーがブラックホールの命名者とされることも多いが、むしろ**ホイーラーはブラックホールの伝道者**だろう。

シュバルツシルト・ブラックホールの構造

ここまでは、ブラックホールの概要と歴史を紹介してきたので、ここからは、ブラックホール時空の性質や特徴をまとめてみよう。

もっとも単純なブラックホールは、１９１６年にシュバルツシルトが導いたもので、球対称な〝形状〟をしており、**シュバルツシルト・ブラックホール**と呼ばれている。ここで〝形状〟と括弧《かっこ》をしたのは、ブラックホールには、地球のような固体の表面があるわけではないし、太陽のようなガス体としてのはっきりとした形状があるわけでもないからだ。

ブラックホールは空間が曲がってできた時空構造体なので、光が外部へ出ることができなくなる境界はあるものの、空間構造としては周囲の空間と連続したものなのである。

この性質は、いつも、河と滝の比喩で説明している。河の中を滝に向かって流されている状況を思い浮かべてみてほしい。河の中に沈んで流されている人にとっては、どの場所でも周囲は水（空間）であって、どこが滝（ブラックホールの境界）かはわからないだろう。ただし、滝に達する前までは、原理的には上流へ向かって泳いで逃げることができるだろうが、滝を越えてしまうともはや後戻りはできず、滝壺に向かって真っ逆さまに落ち込むのみなのだ。

と、今回、いつものように河と滝を使って説明しながら、そういえば、鯉の滝登り、っていうのがあるなぁと思ったが、そこは目を瞑ってほしい。

さて、シュバルツシルト・ブラックホールだが、いま述べたように、空間構造は周囲と連続している。ただし、**ある球状の境界より内側に入ると、外部へ戻ることができない一方通行の境界面**で囲まれている。そしてその境界面は**事象の地平面**と呼ばれている。その彼方のできごと（事象）が見えなくなる境界（地平面）という意味だ。シュバルツシルト・ブラックホールの場合、この球状の境界の

図10　河と滝。まわりの水は連続している。

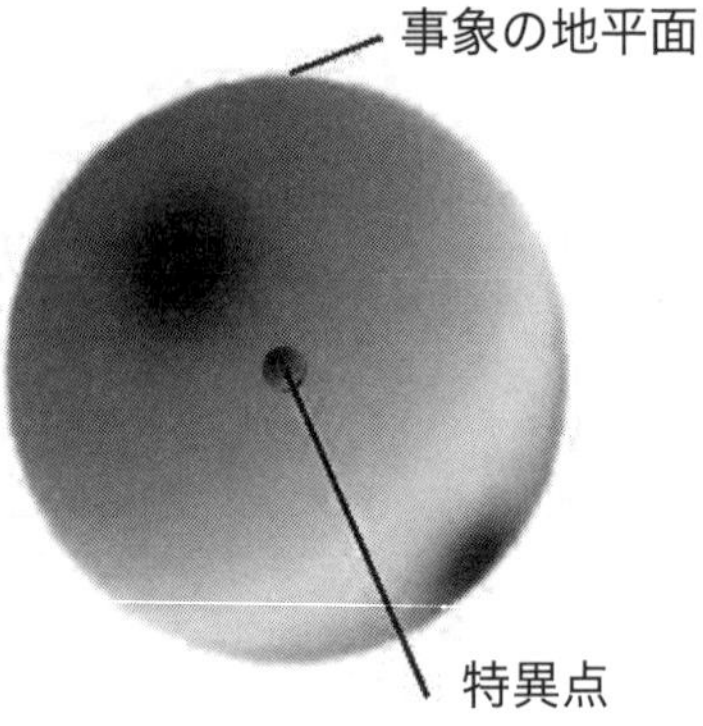

図11　シュバルツシルト・ブラックホールの構造。あまり書くことがない。

半径は、**シュバルツシルト半径**と呼ばれている。

　ブラックホールの境界を通り抜けた後も、周囲の空間の性質は変わらない。ただし、重力や空間の曲がりはますます大きくなり、中心で無限大になるだろうと考えられている。滝壺に相当するブラックホールの中心は、ものごとが無限大になることから、**特異点**と呼ばれている。

　では、特異点と事象の地平面の間には何があるのだろうか。おそらく何もないだろう。正確に言えば、特異点に向かって落ちていく物質や多少のエネルギーはあるかもしれないが、構造としては何もない。その意味では、**シュバルツシルト・ブラックホールは、地球や太陽などよりはるかに単純な、おそらくは宇宙の中でもっとも単純な天体なのだ。**

なお、ブラックホール中心の特異点が実際にどのようなものかは、よくわかっていない。一般相対論の数学的な解としては特異点が存在するが、現実の宇宙でものごとが無限大になるのは非常に困る事態なので、特異点はないかもしれない。この特異点は研究者の頭痛の種だが、三途《さんず》の川（事象の地平面）の彼方にあるものだし、まぁここでは考えないことにしよう。

もっとも、特異点に絡んで、よく訊かれる質問に、**ブラックホールへ吸い込まれたものはどこに行くのか**という問題がある。ブラックホールには出口はないので、ブラックホールにいったん吸い込まれたものは、もうどこへも行きようがない。おそらくは中心に留まって、ブラックホールの質量を増やしていくのではないだろうか。

column

ホワイトホールとワームホール

ブラックホール絡みでよく尋ねられるモノとしては、ホワイトホールとワームホールがある。

ホワイトホールはブラックホールを反転させたような時空構造体“何でも出てくる穴”で、数学的な解としては存在する。しかしリンゴの個数を解く2次方程式で負の解は捨てるように、ホワイトホールの解も現実の宇宙ではたぶん実現しない。

一方、ワームホールは、別の時空を空間的に連結する時空構造体で、いわばドラえもんの“どこでもドア”だ（ブラックホールを2つ繋げたモノではない）。こちらは存在してもいいかな。

ブラックホールのさまざまなタイプと構造

１９１６年にシュバルツシルトが導いたシュバルツシルト・ブラックホールは、もっとも単純な構造をしたブラックホールだが、他のタイプのブラックホールについても、ちょこっと紹介しておく。

たとえば、１９１６年にドイツのハンス・ライスナーが導いたブラックホールの解は、**電荷を帯びたタイプの解**だった。１９１８年にフィンランドのグンナー・ノルドシュトルムが一般化したことから、今日、電荷を帯びたブラックホールを**ライスナー＝ノルドシュトルム・ブラックホール**と呼んでいる。

ライスナー＝ノルドシュトルム・ブラックホールは、シュバルツシルト・ブラックホールと同様に球状のブラックホールだ。しかし、電荷があるために大きさ（事象の地平面の半径）が少し違ったり、その他の性質が多少違ったものになっている。

ただし、実際の宇宙では、まだライスナー＝ノルドシュトルム・ブラックホールらしいものは見つかっていない。というのも、仮に、プラスの電荷を帯びたブラックホールができたとしても、すぐにマイナスの電荷を引き寄せて中和してしまい、単純な

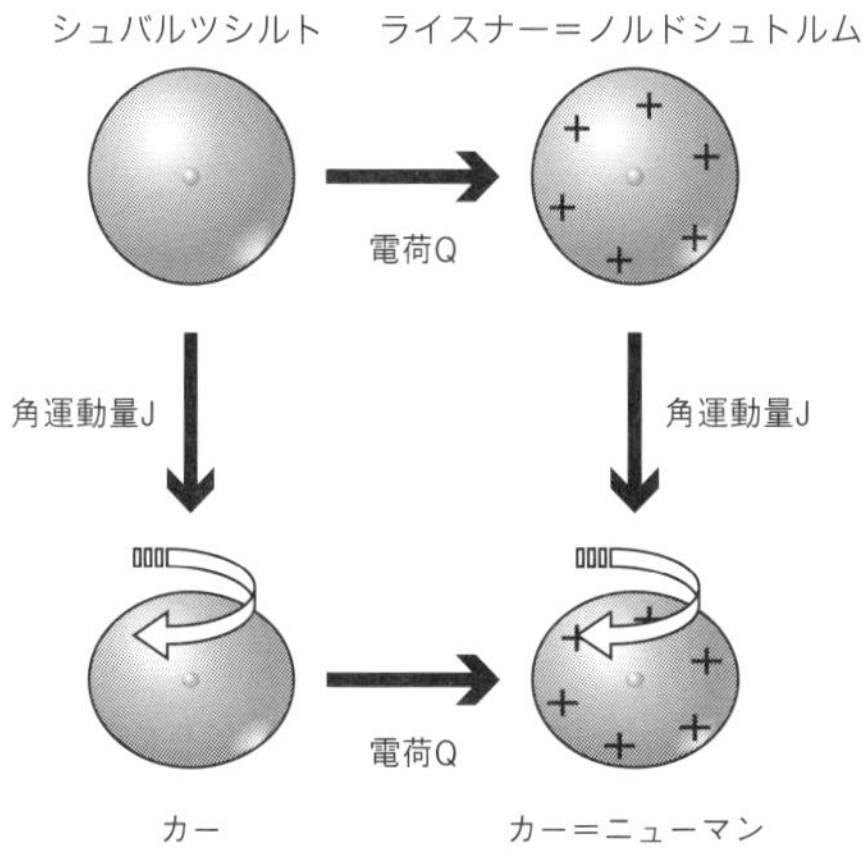

図12　ブラックホールのタイプと構造。
左上：質量だけをもち自転も電荷ももたない単純な球対称のシュバルツシルト・ブラックホール。
右上：質量と電荷をもつが自転はない球対称のライスナー＝ノルドシュトルム・ブラックホール。
左下：質量をもち自転している軸対称のカー・ブラックホール（電荷はない）。
右下：質量も電荷も自転もあるカー＝ニューマン・ブラックホール。

シュバルツシルト・ブラックホールになってしまうからだ。

また、1963年にニュージーランドの物理学者ロイ・カーが導いたブラックホールは、**自転をしているタイプ**で、**カー・ブラックホール**と呼ばれる。シュバルツシルト・ブラックホールなどと比べると、カー・ブラックホールはなかなか複雑な構造をしている。

まず、ブラックホールの境界面になるべき事象の地平面には、内部地平面と外部地平面とがあり、それ以外にも静止限界と呼ばれる境界面や、その間の**エルゴ領域**と呼ばれる特殊な空間領域が現れる。さらにものごとが無限大になる特異点は、もはや〝点〟ではなく〝リング状〟の特異性として存在する。取り扱いもかなり面倒なものとなっている。

天体は、地球にせよ太陽にせよ、さらにはその他の多くの天体も、多かれ少なかれ回転しているのが普通なので、実際の宇宙に存在するブラックホールも、多かれ少なかれ自転しているだろうと想像されている。

最後に１９６５年、アメリカのエズラ・ニューマンたちが、自転し、かつ電荷を帯びたブラックホールの解を導いた。これは、カー・ブラックホールが電荷を帯びた形に一般化したものであることから、**カー＝ニューマン・ブラックホール**と呼ばれている。

ブラックホールの3本の毛

前項では、ブラックホールには４つのタイプがあることを紹介したが、他のタイプのブラックホールはないのだろうか。

実はこれら以外にも、ブラックホールを表す解は見つかっている。たとえば、空間構造が球状ではなく扁平に歪んだ**ワイル解**や、扁平に歪《ゆが》み自転している**トミマツ＝サトウ解**などもある。それどころか、いまでは、アインシュタインの複雑な方程式から導かれるブラックホール解は無数に存在することがわかっている。ただし、それらの解は、ブラックホールの外部に特異点が出現するなど、何らかの異常性があるため、自然の世界には存在しないだろうと推測されている。

結局のところ、ブラックホールの性質を左右する特性としては、**ブラックホールの質量、ブラックホールが帯びた電荷量、そしてブラックホールの自転の度合い**だけに限られるようだ。

ぼくたちの身のまわりにある物体や物質は、物体の形や材質や色や匂いなど、一般に数多くの特性をもっている。ブラックホールのもとである星にしても、水素やヘリウムなどの元素の種類と割合や、場所ごとのガスの密度や温度の違い、対流や自転など、多くの特性がある。ところが星が最後に重力崩壊してブラックホールになってしまうと、これらの特性はほとんどすべて失われてしまうようだ。

たとえば、ブラックホールができかける途中で、地表の山脈のように質量分布にいびつな部分ができたとしても、強い重力のためにすぐさま均《なら》されてなくなるのだ。物体やさまざまな種類の物質元素は、ブラックホール内部では素粒子レベルまで分解されて、もとの物体構造や原子構造は影も形もなくなる。そしてさまざまな素粒子自体も、中心の特異性ではすべてが時空と融合し、おそらくはたんなる質量ないしは純粋な光子（エネルギー）に還るのだろう。

こうして最終的には、ブラックホールを特徴づける属性としては、〝**質量**〟と

〝自転〟と**〝電荷〟**という性質しか残らない。

ブラックホールの属性として、たった3種類しか存在しないことを指して、ジョン・ホイーラーは、1967年の記念碑的講義で、〝ブラックホールには毛がない〟と言明した。ブラックホールになる前には種々の属性（毛）があったのものが、ブラックホールになる過程でどんどん抜けてしまって毛がなくなるという意味だ。この言明は**毛なし定理**と呼ばれている。

ただし、質量・自転・電荷という3本の毛は残るので、〝毛なし〟というのは少し言いすぎだろう。そこで、ぼく自身は、何十年も前から、**おばQ定理**と呼んでいるが、あまり定着していない（笑）。

シュバルツシルト半径は質量に比例する

最後に式を一つだけ書かせて欲しい。ブラックホールの質量と半径の関係を表す式だ。ブラックホールの**半径R（シュバルツシルト半径）**は、ブラックホールの**質量Mと光速度c**（小文字が基本）および**万有引力定数G**を用いて、

$$R = \frac{2GM}{c^2}$$

と表される。

まず、ブラックホールは光でさえ出てこられない天体なので、ブラックホールの半径には光速が関係しているのは当然だろう。光速度cは、よく知られているように、

光速度 c＝約30万km/s

である（正確には、真空中の光速度は299792.458 m/sを定義値とする）。

また、万有引力定数Gは重力の強さを表す定数だ。この世に存在する質量をもった物体は、お互いに万有引力で引き寄せ合っている。その万有引力（重力）の強さを表す定数が万有引力定数だ。万有引力定数Gの具体的な値は、

万有引力定数G＝6.67×10^{-11} m^3／(s^2・kg)

と表される。万有引力定数がブラックホールの半径に関係するのも当然だろう。

光速度と万有引力定数は一定の定数なので、シュバルツシルト半径はブラックホールの質量に比例することがわかる。ブラックホールは半径もまたシンプルなのだ。

ちなみに、**太陽と同じ質量のブラックホールのシュバルツシルト半径は約3㎞**である。この値を知っておくだけで、太陽の10倍の質量のブラックホールは半径30㎞、太陽の1億倍だと3億㎞などと、他の質量のブラックホールの半径も暗算で出すことができる。

第3章

ブラックホールは どこに居る？ いくつある？

発見の歴史と新たな謎

なるほど!!「ブラックホール」イコール「美しい人」ってことはよくわかったよ！
いや…そんなこと全然言ってないけど…
ああ！宇宙って美しいなぁ！素晴らしいなぁ！
そうだよ！
ぼくだって美人さん達を追ってここに来たんだった！
どこだて!!
キョロキョロ
発想の飛躍についていけないんだけど…
ん…？
!!
美人さん達？

アルくんが追ってた美人さんって何人もいるの?
そりゃそうさ!
世界には美しい人達がひしめいてるんだよ!
そしてぼくは美人ハンター
美人さんはどこだ〜〜〜!
本当にマセガキだなー
ちなみにさあ
ブラックホールってひとつだけ? それとも10個? 100個?
やっぱり発想の飛躍についていけないんだけど…
たじたじ

ブラックホールの居場所と数は…

ブラックホールを探し出せ！

高校生向けの科学講座や一般向けの講演、あるいは大学の講義などで、宇宙に関する質問を出してもらうと、

・宇宙のはじまりはどうなっているのか、宇宙の果てはどうなっているのか
・ブラックホールはどんな天体なのか、ブラックホールはどこにあるのか
・地球以外に生命は存在するのか、宇宙人は居るのか

といったものがトップ3で、これは何十年前からほとんど変わらない。

しかし、この数十年の間に天文学的な発見が相次いで、これらの現象の解明は大きく進んだ（新たな謎も増えた）。

たとえば、宇宙全体については、加速膨張が発見され、宇宙は無限で永久に拡がり続けるだろうと考えられるようになってきた。地球外生命についても、4000個以上もの系外惑星が発見された現在、知的生命はともかく、原始的な地球外生命はまず間違いなく存在するだろう。そして、ブラックホールについても、数多くの観測的証拠が集まってきて、その居場所や振る舞いなどが詳しくわかってきた。

じゃあ、**ブラックホールは実際に宇宙のどこに居るのだろうか。**そしてどのようにして発見されたのだろうか。本章ではその話をしたい。
結論を言えば、**「あいつら」は宇宙のそこかしこにウジャウジャと居る。**

ブラックホール天体はくちょう座X－1はいかにして見つかったのか？

ではまず、広大な宇宙の中でも、ぼくたちにとっては身近な天の川銀河（銀河系）に焦点を合わせてみよう。**ロックオンするのは「はくちょう座」だ。**

都会では星や星座が見えにくいので、はくちょう座と言ってもピンと来ない人が多いかもしれないが、夏の大三角なら見たことがあると思う（図13）。夏の大三角は星座ではないが、こと座のベガ（織り姫星）とわし座のアルタイル（彦星）そして、はくちょう座のデネブの3個の一等星が形作っている、夏の夜空でひときわ目立つ星の並びだ。はくちょう座の尻尾の位置にあるデネブは、アラビア語で雌鳥の尾という意味をもっており、はくちょうは夏の大三角の内部に頭を向け羽を広げている。

このはくちょうの長い首のなかほどに、1971年、はじめて認定されたブラックホール天体、**はくちょう座X－1**が居る。名前の意味は、はくちょう座領域にあ

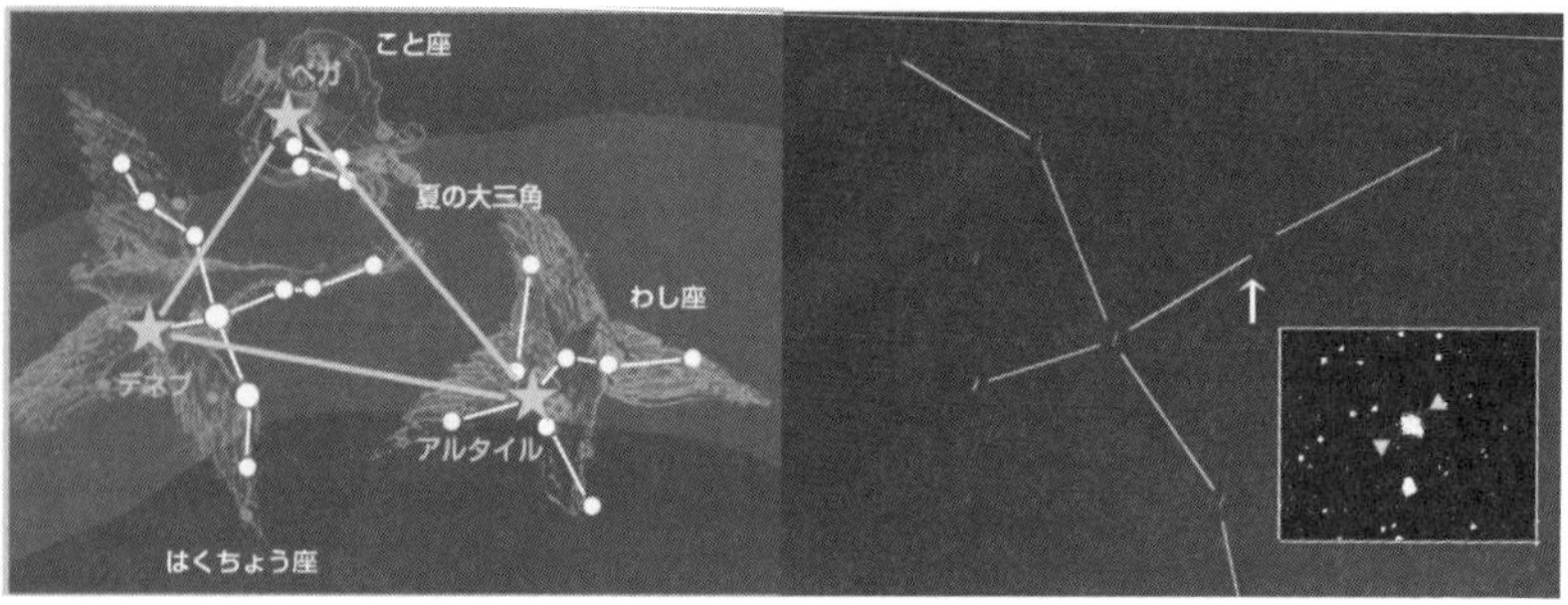

図13　夏の大三角とはくちょう座。ブラックホール天体はくちょう座X–1（Cyg X-1）は、はくちょうのくちばし（アルビレオ）と尻尾（デネブ）の真ん中あたり、長い首の途中にある。右下に挿入された画像は、可視光で観測したHD226868（大阪教育大学）。

るX線を出している天体の中で、もっとも強いX線を出しているナンバー1の天体を表している。

1960年代に、太陽以外にもさまざまな天体が強いX線を放射しているとわかったことから、X線天文学が開幕した。X線を放射している天体は**宇宙X線源**とか**X線天体**などと呼ばれる。そして、はくちょう座の方向にも強いX線源が見つかり、「はくちょう座X－1（Cygnus X-1）」と命名された。さらに1970年末に打ち上げられたX線天文衛星ウフルや日本の気球観測などによって、1971年、はくちょう座X－1の正確な位置が突き止められ、その位置に青白い星が確認されたことが、ブラックホールの〝発見〟につながったのだ。

はくちょう座X－1の位置にあったのは、HD226868という名前をもつO9型（高温度星）に分類される9等星だった（図13右下）。この星は約6千500光年の距離にある青白い色の超巨星で、表面温度は数万度もある高温の星だが、太陽の全放射エネルギーの千倍もの強度のX線を出すような天体ではない。

そこで、それらの謎を解くべく、この怪しい青い星から放射される光を精密に分析したところ、水素原子の特徴的なスペクトル線の波長が5・6日の周期で規則的に変動することがわかった。これは青い星がもう一つの天体のまわりを公転運動していて、その運動に伴う**ドップラー効果**のためだと考えられた。すなわち、青い星が地球に近づくように運動しているときには、観測される光の波長が短くなり、逆に遠ざかる方向に運動しているときには波長が伸びるのだ。

分析によって判明したスペクトル線の波長の規則的な変動は、この青い星が別の天体のまわりを周期的に運動していることを示していたのである。

二つの星がお互いのまわりを回っている天体を**連星**というが、この観測結果か

column

ドップラー効果

救急車が“ピーポーピーポー”とサイレンを鳴らしながら自分の近くを通過する際、近づいてくるときは音が高く、遠ざかるときは音が低く聞こえる。
音が波であるために起こるこの現象は、オーストリアの物理学者クリスチャン・ヨハン・ドップラーにちなんで、ドップラー効果と呼ばれる。
光も波の一種なのでドップラー効果が起こり、光源が近づくときは波長が短く（青く）なり、遠ざかるときは波長が長く（赤く）なる。
ドップラー効果を使うと、波源の速さを求めることができる。

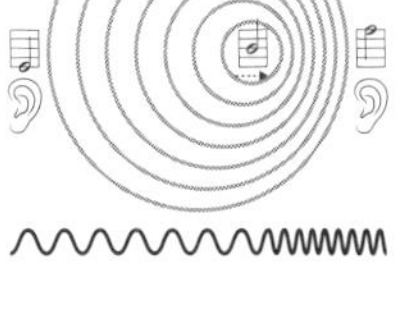

ら、青い星は別の天体と連星になっているのではないか、５・６日の周期は連星の公転周期なのではないか、と推測された。

このような経緯を経て、１９７１年の秋には、この青い星が別の天体と連星になっていることがわかったのである。

しかし、はくちょう座Ｘ－１に位置するこの青い星の相棒の天体は、可視光では観測できなかった。青い星は太陽の30倍くらいの質量をもつことがわかっており、連星の運動の解析から、相棒の星の質量も太陽の10倍程度は必要なことがわかった。

図14　はくちょう座X−1のX線画像。最新のチャンドラX線衛星が撮像したもの（NASA）。

それほどの質量をもつ星が〝視えない〟のはなぜなのか!?

青い星は９等星として観測できているにもかかわらず、同じ距離にあって質量が少し小さな相手の天体が可視光で視えないのは、相手の天体が通常の星でないことを意味している。

Ｘ線はこの相手の天体から出ているに違いない！

さらにＸ線で観測を続けると、はくちょう座Ｘ－１からのＸ線が、０・１秒から０・００１秒くらいの非常に短い時間で不規則に変動していることが発見された。これほどの短時間でＸ線が変動しているということは、Ｘ線を出している天体の大きさ

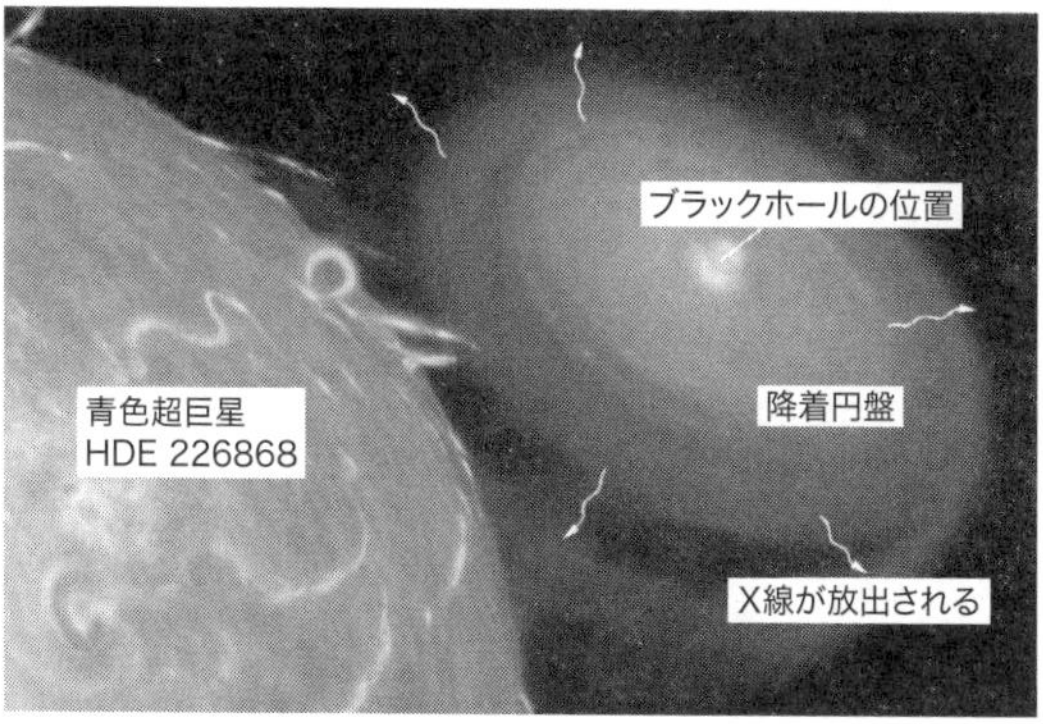

図15　はくちょう座X−1の描像（NRAO/EHT Collaborationによる）。左下の青い超巨星と微小な点のサイズもないブラックホールがお互いのまわりを回っている。ブラックホールの周辺には高温ガスの降着円盤が形成されている。

は非常に小さいということだ。そのサイズは３０００㎞以下だと推定された。

質量は太陽の10倍もありながら、ふつうの星よりはるかに小さい天体ということで、この**連星の相棒は、地球ぐらいの大きさの白色矮星、半径10㎞ぐらいの中性子星、そしてブラックホールのどれか**だと考えられた。

しかし、星の進化理論からは、白色矮星にも中性子星にも質量の上限があって、太陽の質量の１・４倍より重い白色矮星は存在できないことがわかっており、中性子星の質量も太陽の質量の２倍ないし３倍以下ぐらいだ。

大質量で小さく、しかも白色矮星や中性子星の質量上限をはるかに超える天体。その他、すべての証拠が、はくちょう座Ｘ－１は従来知られていた天体とは異質の天体、提唱されて何十年もの間、理論家の夢想の産物とされたブラックホールであることを示していたのである。

はくちょう座Ｘ－１はおおよそ以下のような状態だと考えられた。

すなわち、太陽の30倍の質量をもつ青い超巨星と、太陽の10倍ほどの質量をもつブラックホールが、お互いのまわりを回っているが、青い超巨星に比べブラックホールは非常に小さい。

しかし青い超巨星とブラックホールの質量はさほど違わないので、重力圏の拡がりも同じぐらいあり、ブラックホールの周辺には青い超巨星と同じくらいの大きさの空虚な重力圏が拡がっている。

そして、青い星の外層大気は、ブラックホールの強い重力で吸い寄せられ、ブラックホールの重力圏に吸い込まれる。ただし、連星が公転しているため、ガスはブラックホールへ真っ直ぐには落ちずに、ブラックホールのまわりを渦巻き、ガス円盤となっている。

このようなガス円盤は**降着円盤（アクリーションディスク）**と呼ばれ、第1章で触れたように、ガスは非常に高温となり、ブラックホール近傍では数千万度もの温度に熱せられて、強いX線を放射している。

ブラックホール周辺の降着円盤、すなわち**ブラックホール降着円盤**は、37頁で説明した水力発電所と同じしくみでエネルギーを発生する、**宇宙の〝重力発電所〟**なのである。宇宙の重力発電所、ブラックホール降着円盤から放射されるX線から電波にいたるあらゆる電磁波が、可視光では観測できなかったブラックホールを光り輝かせていることになる。

ブラックホールジェットSS433はどんな天体か？

もう一つ、ブラックホール研究者の間では超有名なブラックホール天体を紹介しておこう。わし座の領域に居るやつだ。

アラビア語で飛ぶ鷲《わし》という意味をもつアルタイルから、**わしの左の翼に位置するブラックホール天体SS433**は、なんと、光速の1／4もの速さの亜光速ジェットをもつことで知られている。

はくちょう座X－1は強いX線を放射するX線星として発見され、ブラックホール

column

ブラックホール降着円盤

降着円盤について詳しくは次章で説明するが、**ブラックホールのまわりに降り注いできた水素ガスによって形成された回転ガス円盤を、とくにブラックホール降着円盤と呼ぶ。**

円盤の周辺部ではガスの温度は数千度から数万度だが、ブラックホール近傍では1000万度あるいはそれ以上の高温になり、強いX線を放射するようになる。

ちなみに、降着円盤が“空飛ぶ円盤”と間違えられたことがある（30年ぐらい前の実話）。

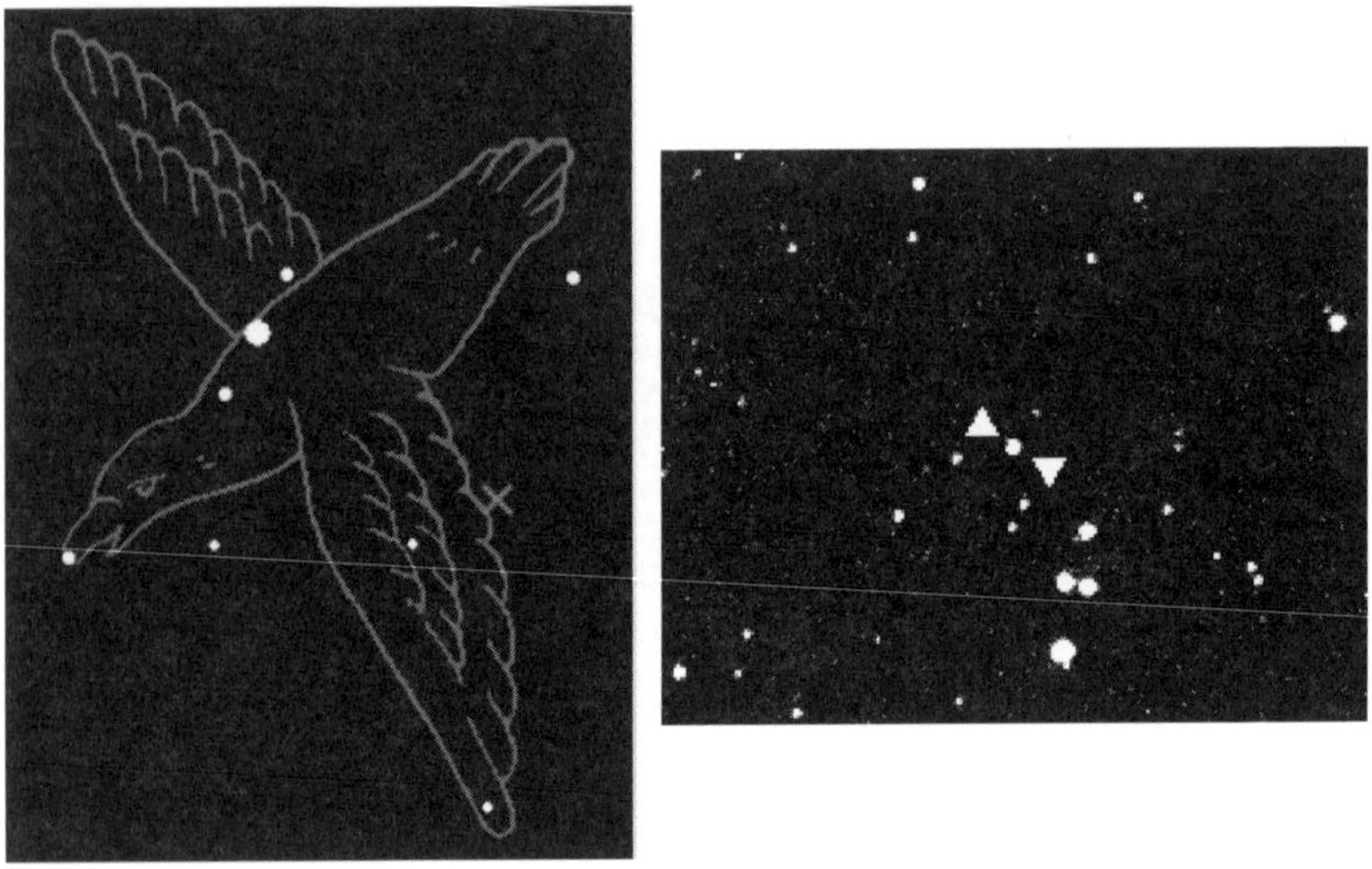

図16　わし座とSS433。わし座の翼に位置する。右側の画像は、可視光で観測したSS433（大阪教育大学）。

天体として判定された。

一方、ＳＳ４３３の場合は、通常の星のスペクトルとは毛色の違うスペクトルをもつ〝特異星〟として同定されたことが、ブラックホール天体として判定されるきっかけとなった。

１９８０年代、ステファンソンとサンドリュークという２人の研究者が特異星を集めたカタログを作成しており、著者の頭文字からＳＳカタログと呼ばれていた。そして１９８４年に、ＳＳカタログの４３３番目の登録天体、ＳＳ４３３のスペクトルを詳細に調べると、この星が予想外に奇妙な振る舞いを示すことがわかった。

ＳＳ４３３のスペクトルには、約１６３日の周期的な変動と、約13日の周期的な変動が見つかったのだ。後者は、ＳＳ４３３が連星になっていて、その公転周期だと判明したが、前者の周期の原因がなかなかわからなかった。どうしたらこんな不可思議なことが起こるのか、発見当初は研究者も混乱し、さまざまな説が乱立したが、最終的には、ＳＳ４３３が歳差運動（コマのように歳差軸のまわりでゆっくりと首振り運動をすること）する２本のジェットを吹き出している、という描像に落ち着いた。

すなわち、はくちょう座Ｘ－１と同じく、**ＳＳ４３３も超巨星とブラックホールからなる連星で、巨星の大気がブラックホールへ吸い込まれ、その過程で、ブラックホール周辺にガス円盤を作っている**と考えられた。ＳＳ４３３におけるブラックホールの質量も太陽の10倍くらいと見積もられた。

ただし、はくちょう座Ｘ－１とは異なり、ＳＳ４３３では、理由はともかく、ガス円盤から垂直な方向に亜光速のジェットが吹き出している。さらに、これも理由はま

column

星のスペクトルと特異星

プリズムなどで光を波長で分解して色の帯として表したものをスペクトルと呼ぶ。通常の星は高温のガス体なので、ふつうの星のスペクトルはおおざっぱには熱放射体のスペクトルになる。また星の大気に含まれる種々の元素の吸収線も存在する。しかし、特定の波長で強い光を放つ輝線を示す星など、通常の星と異なる変わったスペクトルを示す星を特異星と分類する。

図17　SS433の描像。連星の相方の星からブラックホールへガスが流れ込み、降着円盤を作っているところまでは、はくちょう座X−1と同じだが、SS433ではさらに円盤から垂直方向にジェットが吹き出している。

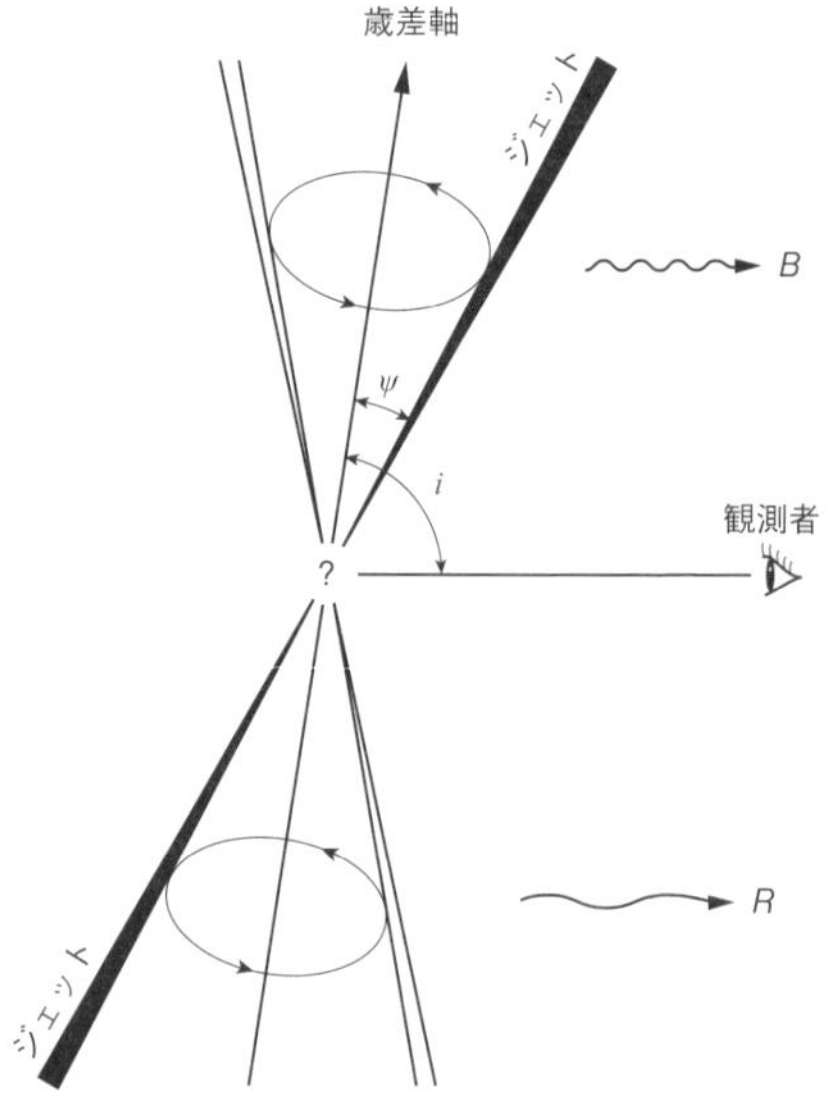

図18　ガス円盤はコマのように歳差運動していて、ジェットの方向も変化する。

だはっきりしていないが、ガス円盤が約１６３日の周期でコマのように歳差運動をしており、それにともなってジェットの方向も歳差運動をしているのだ（図18）。

以上はスペクトル線の分析から推測されたことだが、その後の電波観測によって、実際のジェットの詳細な動きも見つかっている。

電波を発している天体（**電波源**という）を電波で観測する電波天文学が開幕したのは第二次世界大戦後だが、電波望遠鏡の性能はどんどん向上して、20世紀末には非常に解像度が上がり、ＳＳ４３３ジェットを分解できるくらいまでになった。そのような高性能の電波望遠鏡でＳＳ４３３の中心部を拡大すると、たしかに、中心から

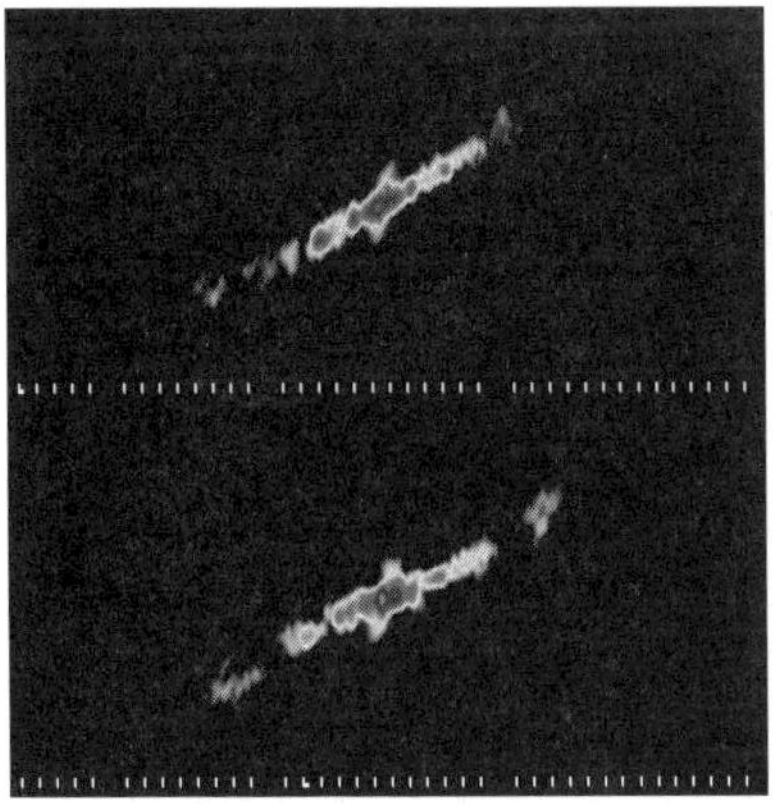
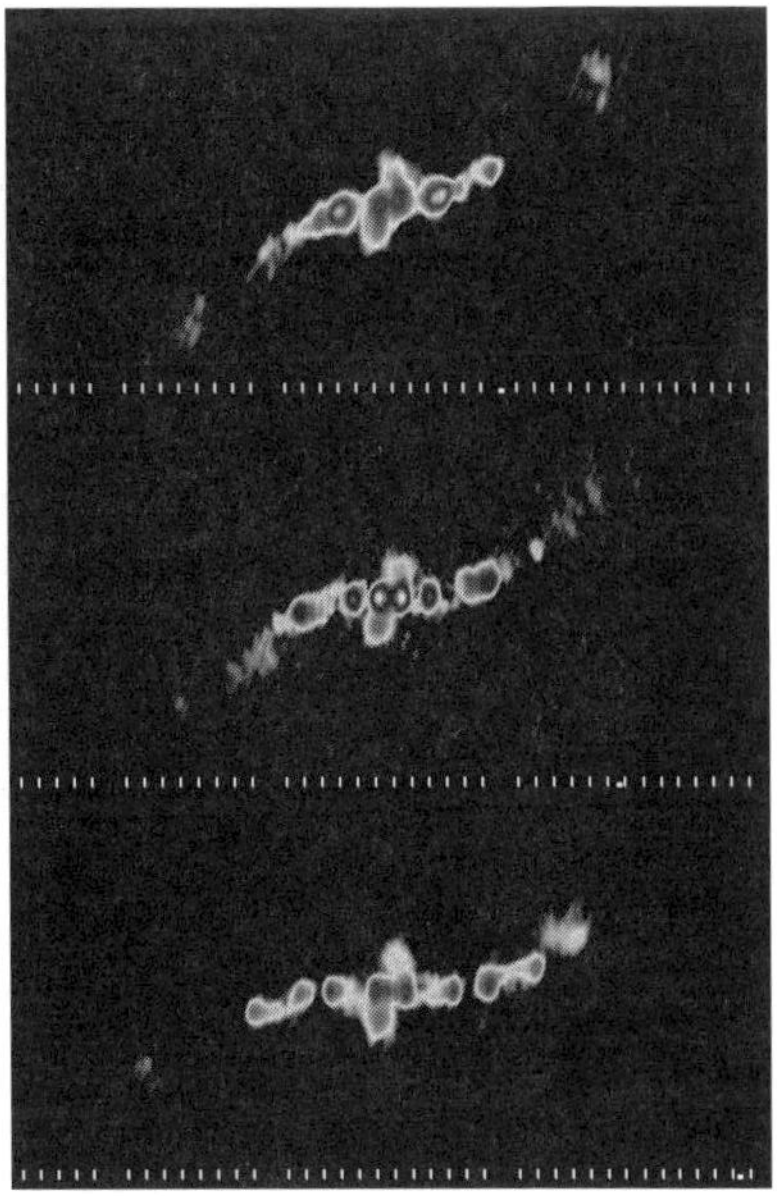

図19　SS433ジェットの電波画像の連続ショット（VLBA）。本来は動画でみることができる!

電波を発するガスが反対方向に吹き出していることが明瞭にわかった。

さらに、その吹き出す方向が少しずつ向きを変えていく様子も確認された。残念ながら紙面でお見せすることはできないが、それらの電波画像をパラパラアニメのように並べることで、ムービーも作られている。これは凄いことで、いまはジェットの歳差を動画でみることができる時代なのだ！

講演などでも、スペクトルからジェットを推測していく話はわかりにくいようだが、ジェットのムービーを見せると、圧倒的に説得力がある（笑）。ブラックホールシャドーもそうだが、やはり百聞は一見に如《し》かずだ。

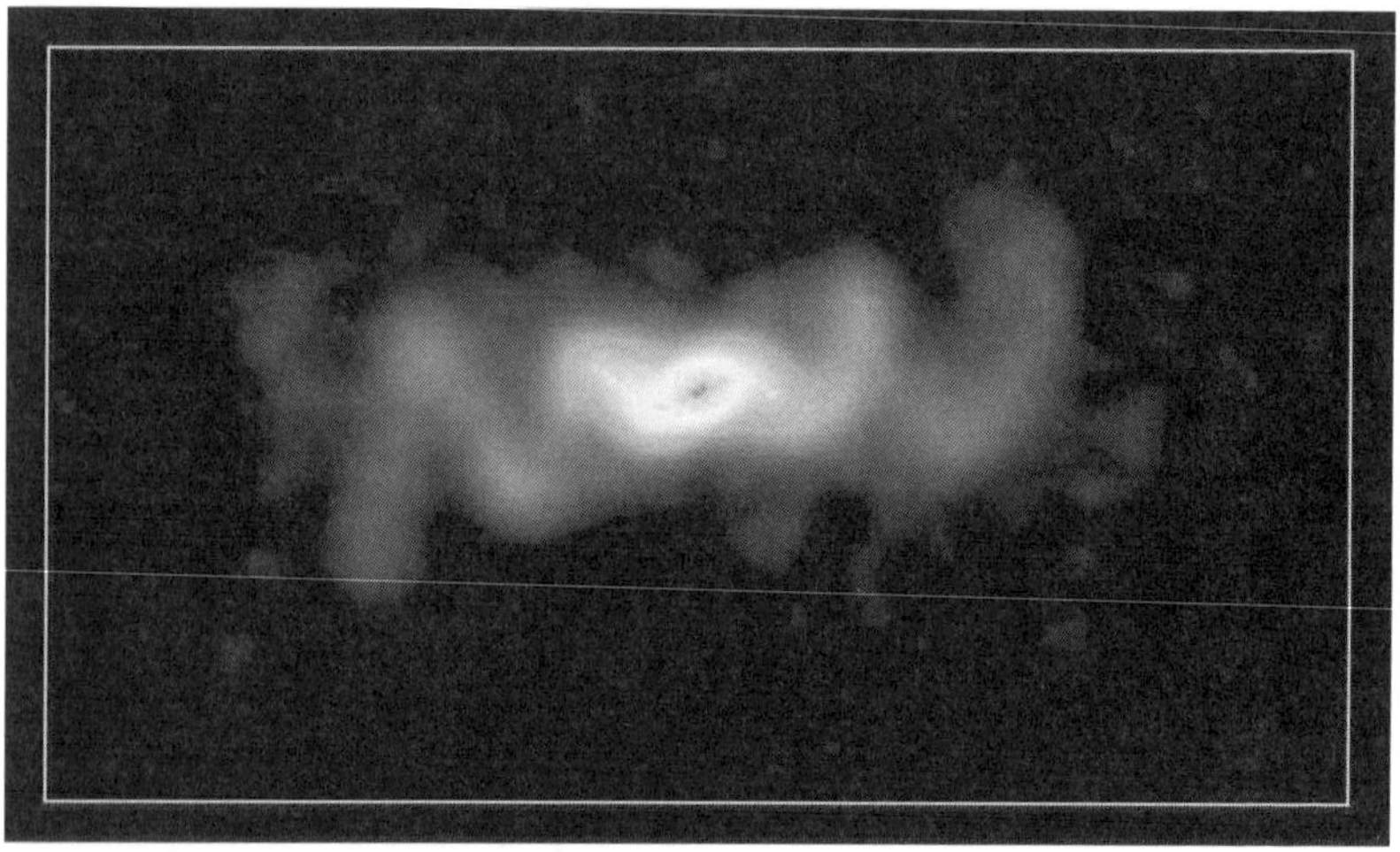

図20　コークスクリューパターン（VLBA）。

　ところで、中心部を拡大した電波画像では、ジェットは反対方向に真っ直ぐに飛び出ているが、少し広い範囲の電波画像では、面白い絵になる。ワインのコルクを抜くコルク抜きのような形状に見えるのだ。

　これはそのまま**コークスクリューパターン**と呼ばれている（図20・口絵）。

　もっとも、実はこれ、ジェットが渦を巻いて流れているわけではない。ジェットのガスそれぞれは、真っ直ぐに飛んでいるが、ガスが飛び出す方向が変わっていくために、ある瞬間のスナップショットを撮影すると、ジェットガスの存在する場所が渦巻き状のコークスクリューパターンになっているのだ。

天の川銀河の恒星質量ブラックホールはいくつある？

さて、以上、天の川銀河の中に居る、太陽の10倍程度の質量をもったブラックホール（**恒星質量ブラックホール**と呼ぶ）について、有名な天体を紹介した。**強いX線を発している恒星質量ブラックホールは、他にも数十個ほど発見されている。**２０１９年８月段階で、ブラックホールだろうと思われるX線天体まで含めると、70個から80個ぐらいになるようだ。

では、ブラックホールはたった百個ぐらいなのだろうか。いやいや、そんなことはない。X線で探査されているのは、太陽に比較的近いものだし、そもそもX線で発見するためには、X線で輝いていないといけない。すなわちこれらのブラックホールが発見された経緯からもわかるように、ブラックホールが連星になっており、相手の星からガスを吸い込んでいて光り輝く降着円盤ができているなどの状況が必要だ。単独のブラックホールや、連星の場合でも相手の星からガスを吸い込んでいないタイプのブラックホールは、見つからない。つまり**実際の数はもっともっと多い！**

ブラックホールがどうやって誕生するかの説明を思い出してほしい。大質量の星が

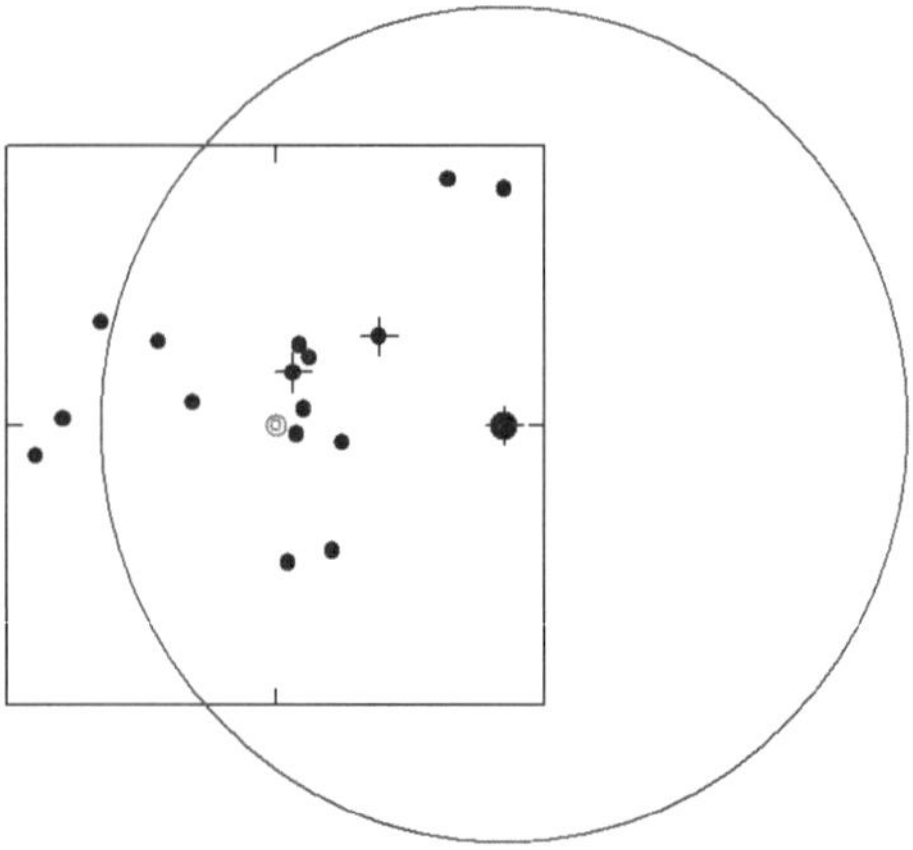

図21　銀河系におけるブラックホールの分布図。天の川銀河を北から眺めた図で、大きな円は銀河系中心（大きめの●）から半径5万光年の領域。四角の枠は太陽系（◎）を中心とした約6万光年四方の領域。黒丸（●）が21世紀初頭までに発見された銀河系内の主なブラックホール。十字がついた●のうち、太陽系に近い方がはくちょう座X-1で、遠い方が特異星SS433。銀河系中心にも太陽の400万倍のブラックホールがある。

進化の最後に超新星爆発を起こしたときに、ブラックホールが形成される。仮に、控えめな見積もりで、超新星の1%程度がブラックホールを残すとすると、**銀河系内には約1千万個のブラックホールが存在している勘定になる。**もしかしたら、1億個から10億個ぐらいもあるかもしれない。**ブラックホールは星の数（の100分の1）ほどある**といっても差し支えない。

活動銀河の中心にあるものは…？

ではつぎに、太陽系の〝比較的〟身近な宇宙に居る恒星質量ブラックホールに対し、多くの銀河の中心に潜む**超巨大ブラックホール**の話に移ろう。

ここで**銀河というのは、数千億個の星々と大量のガスやチリが集まった巨大な天体システ**

図22　渦状銀河M51。伴銀河をしたがえていることから、子持ち銀河のニックネームをもつ。

図23　アンドロメダ銀河M31（大阪教育大学）。

図24　楕円銀河M87（NAOJ）。

ムだ。星の数が数百億個の矮小銀河や数兆個にもなる巨大銀河もあるが、典型的な銀河では星の数は１０００億個から２０００億個ぐらいとされる。星やガス以外に、星全体の質量の10倍にもおよぶ**ダークマター（暗黒物質）**も存在している。また形状的には、星やガスが円盤状に集まって回転している**円盤銀河**（しばしば渦巻きのパターンをもつので渦状銀河とも呼ばれる）や、丸い球状に集まった**楕円銀河**などがある。天の川銀河も典型的な渦状銀河の一つだ。

たとえば、りょうけん座の方向で２千１００万光年の距離にある渦状銀河Ｍ51は、中口径の望遠鏡でもはっきり写る見事な渦巻きの腕をもつ美しい銀河だ（図22）。また有名なアンドロメダ銀河M31は、距離（約２３０万光年）が近いため約４等級という見かけの明るさをもち、空気の澄んだところなら肉眼でもよくわかる（図23）。

これらの銀河の中には、銀河の中心がギラギラ輝いていたり強い電波を放射していたり、中心から細いジェットが伸びているなど、中心核が何らかの活動性を示す銀河があり、**活動銀河**と呼ばれている。

たとえば、約５千５００万光年離れたところにある楕円銀河M87は、おとめ座銀河団の中心に位置する巨大な楕円銀河で、非常に強い電波を出している。それだけでもかなり特異だが、さらに、光の矢のようにみえるジェットをもっているという、活動銀河の条件をありあまるほど抱えた銀河だ（図24）。

活動銀河は見るからに怪しげだが、活動しているように見えない銀河、たとえばアンドロメダ銀河なども含め、今日、おそらく、**ほとんどすべての銀河の中心には、巨大なブラックホールが鎮座している**と考えられている。

じゃあ、この活動銀河の中心に居るブラックホールは、どんな特徴をもつと考えられるのだろうか。そもそも活動銀河のブラックホールはどのようにして発見されたのだろうか。ブラックホール研究にとって、活動銀河はどのような重要性があるのだろうか。それらを述べていこう。

活動銀河の物語は、はくちょう座X－1の発見よりも前の1960年代まで遡《さかのぼ》る。

奇妙な天体クェーサー3C273が超巨大ブラックホールの先駆けだった

第二次世界大戦後、電波天文学が発達すると共に、天空を組織的に調べて、電波源のカタログを作成する作業が開始された。そして1959年には、イギリスのケンブリッジ大学から、471個の電波源をリストアップした第3ケンブリッジ電波源カタログ、通称、3Cカタログが発表された。

この3Cカタログにリストアップされた天体についての研究が進む中、273番目の登録天体**3C273**が1962年に可視光の望遠鏡で観測され、13等級の〝星〟と同定された（図25）。そして1962年も押し詰まった12月、カルテク（カリフォルニア工科大学）のマーチン・シュミットがこの〝星〟のスペク

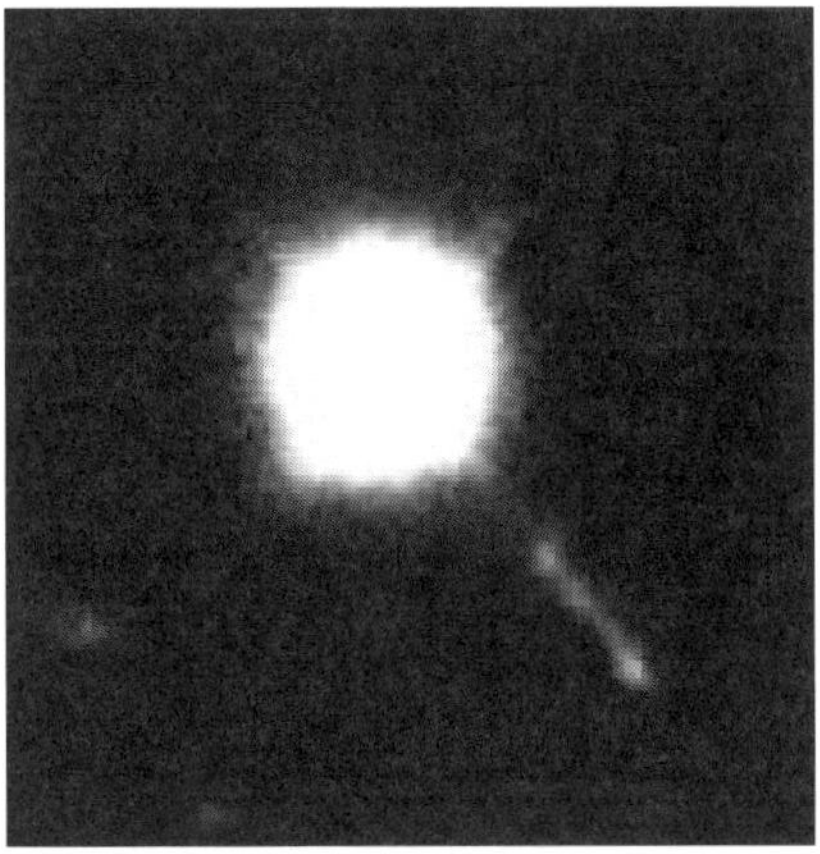

図25　クェーサー3C273（NOAO/AURA/NSF）。星のように見えるが、細いジェットがある

トルを撮影して、とんでもないことに気づいたのだ。

このことがさらなる発見へとつながった。

星は大部分が水素ガスからできているので、星や銀河など天体のスペクトルには水素のスペクトル線がよく見られる。３Ｃ２７３のスペクトルには不可思議な輝線が何本か見つかったのだが、翌１９６３年の２月、シュミットは、これらの輝線が水素の出すスペクトル線であることに気づいた。

ただし、このスペクトル線は通常の波長から16％も長い波長（赤いほう）にずれていた（赤いほうにずれるので**赤方偏移**と呼ばれる）。この波長の伸びはドップラー効果で説明できるのだが、波長が16％も長く伸びるためには、３Ｃ２７３は光速の16％もの速度で遠ざかっていなければならない。そしてこの速度が宇宙膨張によるものだとすると、３Ｃ２７３は、計算上は、約25億光年も彼方の天体だということになる。

これこそが**クェーサー**と呼ばれる未知の天体の発見であった。このクェーサーとブラックホールはどう関係するのか、もう少し先まで読み進めてほしい。

３Ｃ２７３のようなクェーサーは、１９６０年代、続々と発見されていった。しかし、クェーサーが宇宙の遥か彼方の天体だとすると、**問題は、クェーサーが明るすぎること**だった。たとえば３Ｃ２７３の場合、見かけの明るさ（13等級）と赤方偏移から見積もった距離（約25億光年）から放出しているエネルギーを計算すると、通常の銀河より１００倍も明るく輝いていることになる。またその明るさが数百日で変化することから、輝いている本体は1光年程度のきわめて狭い領域に収まっている必要がある。従来の天体現象で、このような奇妙きてれつなものは知られていなかった。いったい**クェーサーをそんなにも輝かせているのは何だろう。**何がクェーサーのエネルギー源なのだろう。

クェーサーの発見は、当時の天文学の常識を揺るがしたわけで、その未知のエネルギー源を巡っては大激論が戦わされた。

保守的な研究者は、赤方偏移の原因を宇宙膨張以外のものに転嫁し、クェーサーは天の川銀河の近くの天体だと主張した。近ければ明るくなくてもよい、という理屈

column

クェーサー

3C273のように、可視光では星のような点状の天体として見えるものの、スペクトルには強い輝線が存在し、しかもスペクトル線が非常に大きな赤方偏移を示す天体を、今日ではクェーサーと呼んでいる。クェーサーの中心には超巨大ブラックホールが鎮座していて、クェーサーの強烈な輝きはブラックホール活動が原因であることが判明している。格好いい響きからか、ときおり、マンガやゲームの悪役の名前にも使われている。

図26　ドナルド・リンデンーベル

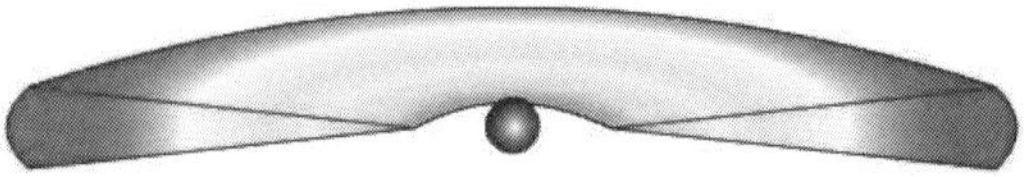

図27　ブラックホール降着円盤の断面図

だ。もっともこの説では、エネルギー源の問題は解決しても、クェーサーの大きな赤方偏移が説明できない。一方、急進的な科学者の中には、クェーサーの中心には、ホワイトホールとか物質・反物質生成の場だとかがあるのだと主張する人もいた。ただし、これらの説もほかの多くの観測事実を説明できない。

このような混沌たる状況の中で、1969年、ケンブリッジ大学のリンデン－ベル（図26）が、クェーサーのエネルギー源を見事に説明する学説を発表した。彼は、**クェーサーの中心には超巨大なブラックホールが存在していて、その周囲のガス円盤――降着円盤――が光り輝いている**のだと主張したのである。はくちょう座X－1など、〝光り輝くブラックホール〟の話を読んだ後だと、比較的に、〝なるほど〟と思われるかもしれないが、いまから半世紀も前の当時としては、きわめて斬新なアイデアだったというほかない。

しかし機は熟していたのだろう。この後、クェーサーのエネルギー源のモデルとして、ブラックホール降着円盤というパラダイムが急速に確立していくことになる（図27）。

活動銀河M87の中心にも超巨大ブラックホールが居た！

リンデン－ベルのモデルで、銀河の中心には巨大ブラックホールが潜んでいるのではないかとの疑いが濃厚になり、１９７０年代から１９８０年代にかけて多くの研究者が超巨大ブラックホールの観測的な証拠を掴もうと必死になった。その代表例が、前出の**奇妙なジェットをもち強い電波を放つ巨大楕円銀河M87**（図24）だ。

超巨大ブラックホールは周囲に強い重力の影響を及ぼすので、銀河中心の星々に対しても重力の影響があるはずだ。具体的には、超巨大ブラックホールがない場合と比べ、超巨大ブラックホールがある場合のほうが、星の密度は高いと予想される。

実際、１９７０年代の末にM87銀河中心の星の分布が精密に測られて、たしかに恒星が異常に密集していることがわかった。観測結果から見積もると、どうやら**太陽**

の数十億倍の超巨大ブラックホールが潜んでいそうな気配だ。

超巨大ブラックホールは周囲の恒星分布を歪めるだけではなく、その強い重力で、中心部の星々の運動にも多大な影響を与える。具体的には、銀河の中心に巨大ブラックホールがなければ、星の運動は中心付近でとくに激しくなったりすることはないが、中心に巨大なブラックホールがあると、**ブラックホールの強い重力によって星の運動は銀河の中心付近ほど激しくかき乱される**ことになる。

１９８０年代に入り、アンドロメダ銀河Ｍ31やＭ31の伴銀河のＭ32などの中心で、通常よりも激しい恒星運動が見つかり始めた。これらの銀河は天の川銀河に近いため、中心部を詳しく観測できたのだ。そして観測結果からは、アンドロメダ銀河Ｍ31の中心には太陽の数千万倍の質量が存在していると推測された。

さらに１９９０年代に入ると、観測技術の進展によって、超巨大ブラックホールについて、より確実な証拠がつぎつぎと得られるようになった。たとえば、超巨大ブラックホールのまわりを回転するガスの回転運動が観測され始めた。

１９９０年代前半、ハッブル宇宙望遠鏡の観測チームは、Ｍ87銀河の中心部を詳細に観測して、プラズマガスの円盤と円盤の回転運動を検出し、１９９４年に発表した。

ガス円盤の大きさと回転速度から、万有引力の法則を用いて、中心の質量を導くことができる。ブラックホールが絡むとはいっても、常に一般相対論が必要なわけではなく、十分な遠方であればニュートン力学で十分だ。そしてニュートン力学を用いた計算で、**M87銀河の中心には太陽の約30億倍、あるいはもしかしたら60億倍くらい質量をもったブラックホールが居る**ことがわかった。のちに、実際に発見されたブラックホールは太陽の65億倍という質量をもっていた。

天の川銀河の中心に鎮座するいて座Aスターの発見

さて、ほとんどの銀河の中心に巨大ブラックホールが居るならば、ぼくたちの住まう天の川銀河の中心にも居るのだろうか。**やはり居た。**密かに居たのだ。本章の最後に、天の川銀河中心のブラックホール発見物語を紹介しよう。

ぼくたちが暮らす地球を擁する天の川銀河（銀河系）は2千億個ぐらいの星々とガスやチリが集まった典型的な渦状銀河だ。半径は約5万光年ほどで、太陽系は銀河系の中心から約2万6千光年ぐらいのところに位置している。夏の夜空を彩る天の川は、太陽系から眺めた円盤状の天の川銀河の姿なのだ。

もっとも、はくちょう座のところでも書いたが、都会の空は明るくなり、都会の夜空で天の川を見ることはほとんど不可能だ。大学の前期講義でも銀河の話になった回には、必ず、天の川を見たことがあるかどうか尋ねるが、60人前後の中で数人しか手が上がらない。ぼくが勤めている大学は大阪にあって、いまは地元志向で大阪近隣の学生が多いためだろう。夏休みになったら海や山に行くはずだから、綺麗な星空と天の川ぐらいは見ておくように言うけど、ちゃんと見てるかなぁ（笑）。

ぼく自身は理論屋でインドア派なので、星を眺めて過ごす趣味はそれほど強くはない。実際、太陽や月や星や銀河など、地球を取り巻く宇宙の姿を知らなくても一生を楽しく暮らすことはできる。しかし、満天の星や流星雨や皆既日食など、宇宙の驚異に触れると、人生観が変わる（変わった）こともたしかだ。閑話休題。

さて、地球から眺めると、天の川銀河の中心である**銀河系中心**は、いて座の方向にあり、天の川の中でももっとも明るい領域だ。そして電波天文学が開幕してすぐに、いて座の方向から強い電波がきていることがわかり、それはいて座でもっとも強い電波源という意味で、いて座A電波源と名づけられた。その後、電波望遠鏡の分解能が向上し、１９７０年代中頃に、銀河系中心は非常に小さな電波源であると認定され、星のように小さいという意味で、銀河系中心は**いて座Aスター**と名づけられ

■天の川銀河の想像図と天の川の写真

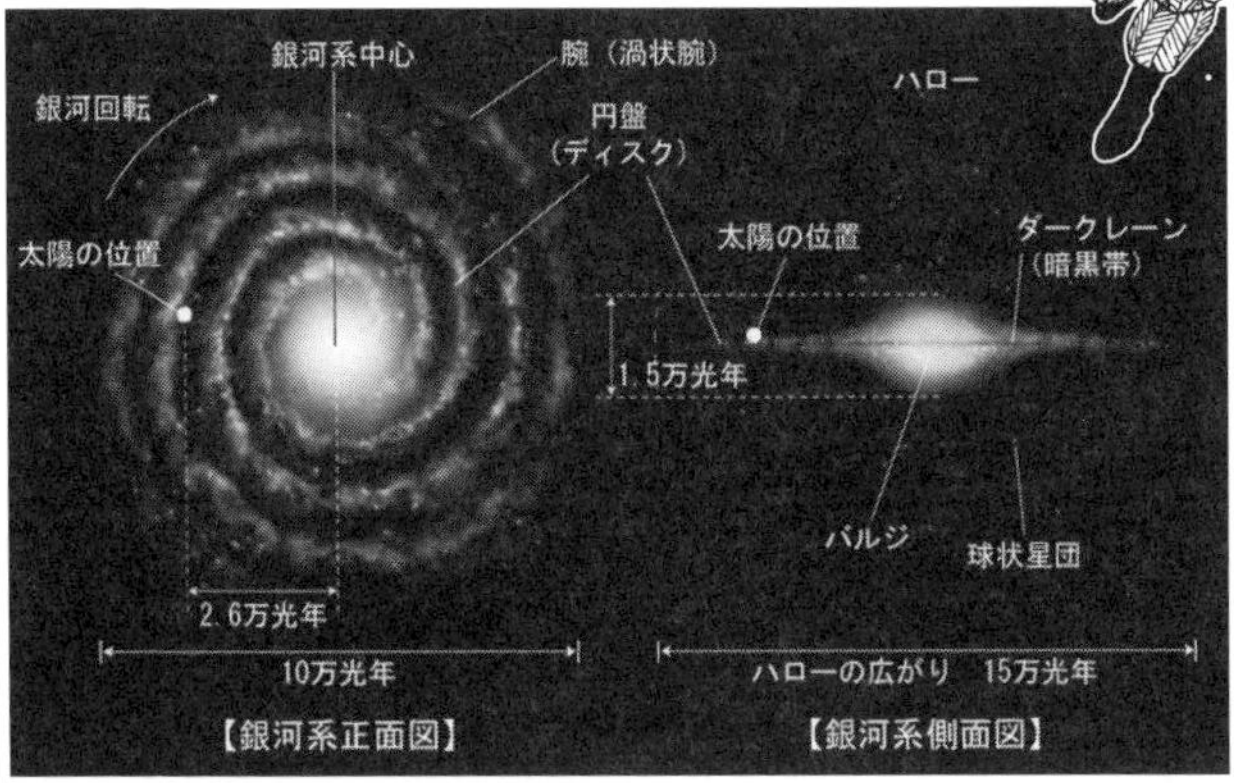

図28　天の川銀河の想像図

図29　天の川の写真（藤井旭氏提供）

た。〝いて座Ａスター〟とはヘンテコな名前だが、それなりに歴史をもつ由緒正しい名前なのだ。

このころにはすでに、天の川銀河の中心にも巨大なブラックホールが存在するだろうと想像されており、１９８０年代には、多くの星やガスの運動を解析して、たしかに大きな質量が存在することが推測されていたが、なかなか決め手がなかった。天の川の円盤面に存在するガスやチリによって、天の川銀河の中心を可視光で観測することが非常に困難だったためだ。天の川の写真を見ると、星の帯の中央に黒い領域があるが、これは星がないわけではなく、ガスやチリによって遠方の星の光が遮られているのだ。

しかし、１９９０年代に入り、赤外線で天体を観測できるようになると、状況が大きく変わった。赤外線は可視光線よりもチリなどを通過しやすい性質があるため、天の川銀河の中心まで見通すことが可能になったのだ。

たとえば、図30は赤外線で撮影した天の川銀河中心部の写真だ。ＩＲＳは赤外線源の意味で、ＩＲＳ＋番号が振ってあるのは赤外線で光っている天体、おそらくは赤色超巨星だと思われる。また図の中央部分の黒い領域が天の川銀河の中心だが、見てのとおり、とくに光っているものはない。

重要なのは、天の川銀河の中心そのものは何も見えなくても、中心領域に存在する星々が見え始めたことだ。なぜなら、もし天の川銀河の中心を公転する**個々の星の運動が観測されれば、ニュートンの万有引力の法則から、中心の質量が明確に推定できる**からだ。

実際、１９９０年代には二つのグループが中心近傍の星々の運動を測定しはじめた。たとえば、１９９５年から、ハワイのマウナケアのケック１０ｍ望遠鏡を用いて観測を続けたグループは、１００個近くの星の運動を発見し、さらにそのうちの３つの星が中心のまわりを公転運動していることを突き止め、その結果を２０００年に発表した。

一方、１９９０年代前半から、チリにあるヨーロッパ南半球天文台のＮＴＴ望遠鏡やＶＬＴ望遠鏡を用いて、やはり銀河系中心近傍の星の運動を測定していたグループは、２００２年、なんと11年にもわたる長期間の測定データを公表した。

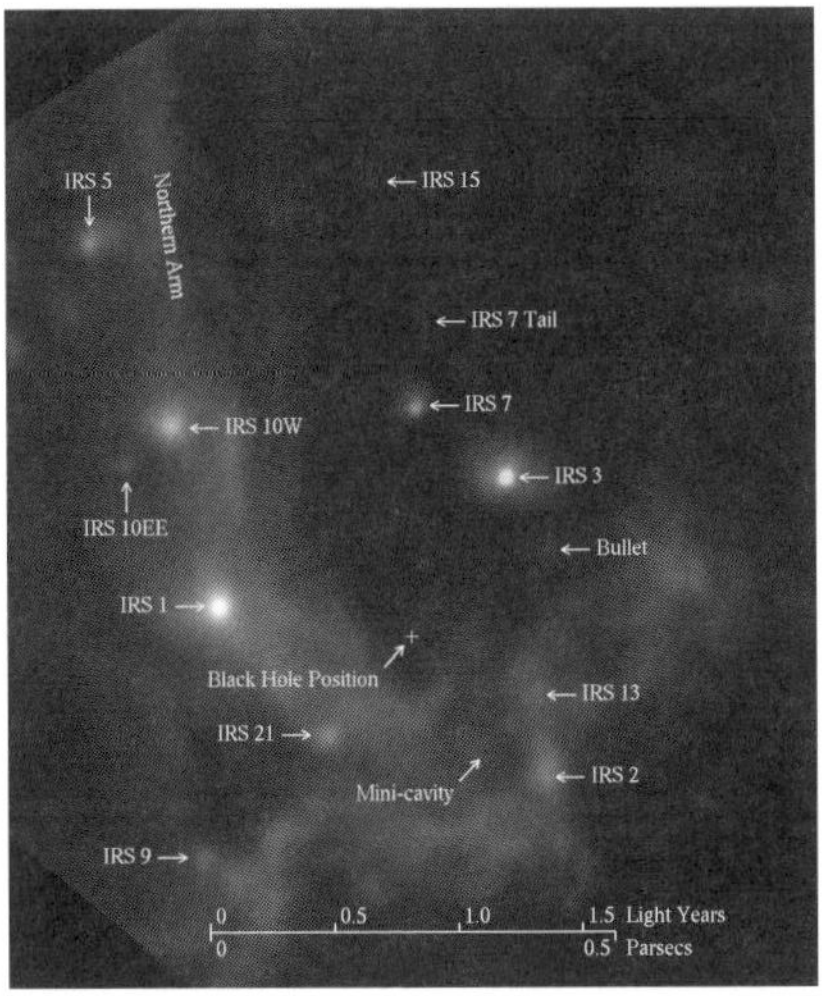

図30　天の川銀河の中心領域の赤外線画像（NASA）。差し渡しが2光年程度。

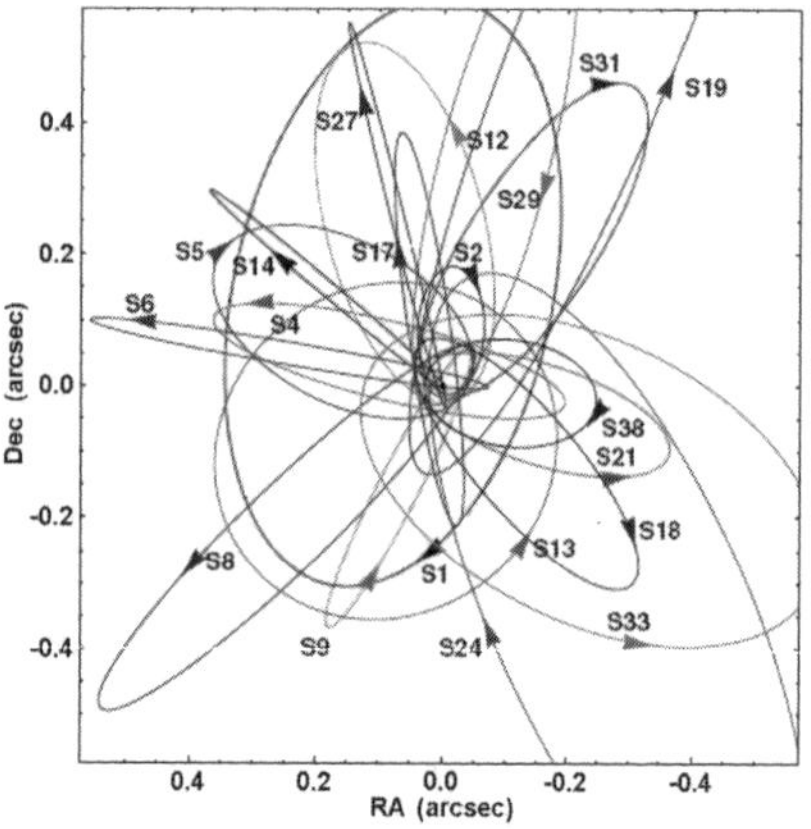

図31　銀河系中心・いて座Aスターのまわりを軌道運動している星々（2010年のデータ）(https://www.researchgate.net/figure/left-Orbits-of-individual-stars-near-the-Galactic-center-right-Orbit-of-star-S2_fig1_236456058)。

これらのデータから、天の川銀河の中心の質量は格段の精度で定まり、その後の追加観測なども踏まえ、現在では、**天の川銀河の中心には、太陽の４００万倍の質量をもった巨大ブラックホールが存在する**と信じられている。

太陽の４００万倍の質量だと、ブラックホールの半径はどれくらいだろうか。シュバルツシルト半径が質量に比例すると2章の最後で述べたことを思い出してほしい。

太陽質量のブラックホールの半径が３kmだったので、天の川銀河の中心にあるブラックホールの半径は、３km×４００万＝１２００万kmとなる。なんと、地球と太陽の距離（1天文単位）の10分の1ぐらいもあるのだ。

なお、序章で紹介したイベントホライズン望遠鏡を用いた、天の川銀河中心の巨大ブラックホールの電波撮像もすでに行われている。天の川銀河中心のブラックホールの姿もまもなく拝むことができるだろう。

銀河中心の超巨大ブラックホールの新たな謎

先にも書いたように、現在では、**ほぼすべての銀河の中心には超巨大ブラックホールが存在している**と思われている。そして銀河系内の恒星質量ブラックホールの場合と同様、しばしば光り輝いていたり、ジェットを吹き出していたり、ブラックホール活動の有様はよく似ているように見える。

ところで、銀河中心の巨大ブラックホールと比べればずっと小さな恒星質量ブラックホールは、大質量の星が超新星爆発を起こしたときにできるが、じゃあ、超巨大ブラックホールはどうやってできたのだろう。

一つの考え方は、最初に恒星質量ブラックホールがあって、そいつが**種ブラックホール**となり、周囲からガスを吸い込んで超巨大ブラックホールに成長したというものだ。ただし、恒星質量ブラックホールを作るのは簡単だが、小さな恒星質量ブラックホールがそうそうガスを吸い込めるわけもなく、宇宙が誕生してから１３８億年の時間では、超巨大になるまでは十分に成長できないことがわかっている。

別のアイデアとしては、銀河の中心で恒星質量ブラックホールがたくさんできて、それらが合体して超巨大ブラックホールになったとするものだ。言ってみれば、種ブラックホールの数を増やす方法だ。たしかに銀河の中心は星も多くて、恒星質量ブラックホールはたくさんあるだろうからアイデアとしては面白いのだが、恒星質量ブラックホールは小さいので、ちょっと距離があれば合体することは非常に困難である。

最近の少し有望な説は、種ブラックホール自体を大きくする考え方だ。宇宙の初期で初代の銀河が誕生したころは、銀河のもとになる非常に巨大なガス雲がたくさんあっただろう。通常はそれらの超巨大ガス雲は細かく分裂して個々の星々になっていくのだが、もし分裂せずに、超巨大なガス雲の一部がそのまま星になれば、太陽の1万倍から10万倍もの超大質量星ができるだろう。そのような超大質量星がそのまま崩壊してブラックホールになれば巨大な種ブラックホールができ、**大質量種ブラックホールはその後の成長も早い**というわけだ。ただし、超巨大ガス雲を分裂させずに超大質量星にするためには、ちょっとトリッキーな方法が必要だから、この説はまだ定説にはいたっていない。

結局のところ、超巨大ブラックホールの形成メカニズムは、まだ完全には解明されていない。そこにあるのは間違いないが、**どうしてそんな代物ができたのか**

が、まだよくわかっていないのだ。ついには、10年ほど前に関連した研究者が集まって「超巨大ブラックホール研究推進連絡会」という集まりまでできて、超巨大ブラックホールに関する研究が〝推進〟されるようになったぐらいだ。ぼくも一応は〝関連研究者〟なので参加させてもらっているが、研究会での活発な議論を見るのは楽しいものである。

銀河中心にある超巨大ブラックホールが銀河の形成や進化にも関連することは、こうした研究によって徐々にわかってきている。**超巨大ブラックホールの謎を解明することは、銀河や宇宙の進化にも係わる重要事項**なのだ。

第4章

ブラックホールはどう視える？

光り輝くブラックホールのさまざまな姿

ぼくに言わせればね
美人さんっていうのは服装のセンスだって重要なんだよ！
キュ!
ぼくはブラックホールの話がしたいんだけど
定番はボリュームたっぷりのパニエ入りロングドレス！当然帽子も盛り盛りにデコッた物！
定番？
もちろん身体のラインを見せるドレスもセクシーだね
セクシーって…

水着なんかも いいよね――！ うん！ うん！
だいぶ レトロな デザインだね
究極的には ヌードもひとつの ファッション…
…って 見えない よ――！
ダメー!!
ん？ 「ヌード」…
「見えない」 ……!?
これって ブラックホールと ガスの量の 関係に 通じる じゃないか！
「ブラックホール」＝「美人」説は 案外的を 射てるかも！
？

ブラックホールが纏うドレスとは…

ブラックホールを「可視化」せよ！

序章で概要を紹介したように、宇宙の闇に潜むブラックホールがはじめて撮影されたのは２０１７年だが（２０１９年発表）、ブラックホールの姿がどのように見えるかについての研究は１９７０年代から行われていた。もちろん〝光らない〟ブラックホールは基本的には〝視えない〟。したがって研究者たちが関心を寄せたのは、降着円盤という光り輝く衣を纏ったブラックホールの〝視え方〟である。

見えないモノを見たいと思うのが人間の心理であり、科学者とて例外ではない。さまざまな状況を想定して数値シミュレーションを行い、ブラックホールの多彩な視え方が可視化されてきたのだ。その点、長年にわたる、ブラックホール研究者たちの血と汗と涙の結晶、という一面もないではないが、綺麗なモノが好きな人たちが思い思いに楽しんだストーリーという側面もある。そして何十年にわたって可視化されてきた多彩な姿は、未来に発見されていくブラックホールの予測画像でもある。

ここからは、光り輝くブラックホールの美しき眺めが、どのように予測され、つまびらかにされてきたのか、詳しく紹介していくことにしよう。

光り輝くドレスを纏ったブラックホールの姿には自然が作り出す圧倒的な美が感じられる。つぎに〝視える〟のはどんなブラックホールだろうかと想像しながら、愉しんでいただければと思う。

光り輝くドレス――ブラックホール降着円盤

まずはここで、ブラックホールを可視化できる光り輝く降着円盤について、多少物理的な内容も含め、少し詳しく説明しておこう。光り輝くしくみ自体は第1章で概要を紹介したので、細かい話に興味がなければこの節はスキップして先へ急いでもらっても構わない。

第2章や第3章で紹介したように、ブラックホールには、太陽の30倍以上ぐらいの大質量星が超新星爆発を起こした際に中心部が重力崩壊して形成される、典型的には太陽の10倍程度の質量をもつ**恒星質量ブラックホール**と、形成過程は未解明ながら、おそらくあらゆる銀河の中心に存在する、典型的には太陽の数千万倍から数十億倍ぐらいの質量をもつ**超巨大ブラックホール**がある。

恒星質量ブラックホールは、単独で存在していれば真っ黒で見えないだろうが、連星の片割れとして存在している場合は、相手の星の外層大気を剥ぎ取り吸い込んで、光り輝くことができる。このとき、ブラックホールに吸い込まれるガスは、連星の回転の影響でブラックホール周辺を渦巻くことになって、高温ガス円盤を形成している。**この高温ガス円盤が〝光る〟**のだ。

また超巨大ブラックホールの場合、天の川銀河中心のように周囲にガスや星がなければ黒い常識的なブラックホールのままだが、銀河中心領域のガスを吸い込んだり星を破壊してガスに変えたりして、やはりガスを吸い込んで光り輝くことがある。このときも、超巨大ブラックホール周辺に高温ガス円盤が形成される。

これら、ブラックホール周辺に形成される光り輝くガス円盤が、専門的に**ブラックホール降着円盤**と呼ばれるものだ。ブラックホールは光らなければ見つけにくいし、その姿を撮影することも難しい。光り輝いてブラックホールを浮き彫りにする**ブラックホール降着円盤は、いわば、ブラックホールが纏った光り輝くドレス**のようなものなのである。

さて、ブラックホール降着円盤の主成分は電離した水素ガス（水素プラズマガス）だが、ヘリウムや他の重元素も若干含まれている。標準的な降着円盤——**標準降着**

円盤——の場合、その**形状は薄く平べったい円盤状**で、またガスの密度が濃いために円盤ガスは**太陽のように不透明**になっている。

星と大きく異なる点は、降着円盤はブラックホールのまわりを回転していることだ。そして標準的な降着円盤の場合、ガスは降着円盤の中を、太陽系の惑星のように、中心に近いほど速い回転速度で回っている。

ただし、太陽のまわりを回る惑星の間には重力以外には直接の相互作用はないが、ガス円盤の場合は、ガスが触れ合っているためにガス同士が擦れ合うことになる。すなわちガスの隣接する各部分は、頻繁にぶつかり混じり合う。このガス同士の摩擦のために、ブラックホールのまわりを回転しているガスは、ほとんど円軌道を描きながらも、少しずつ回転の勢いを失いブラックホールへと落下していくことになる。

column

標準降着円盤

ブラックホールのまわりの高温ガス円盤の標準的なモデルを標準降着円盤と呼んでいる。
本文にあるように、幾何学的には薄く、不透明で、光り輝いている円盤で、イメージとしては平べったい星のようなものだ。
〝標準〟というからには他にも標準でないモノ、薄霧のような淡く光っているヤツとか、幾何学的に分厚いモノとか、いろいろなタイプがある。

同時に、円盤ガス内での摩擦によって、ガスは高温となる。ガスの回転は中心に近いほど大きいため、加熱の割合も中心ほど大きく、ガスの温度は中心に近いほど高くなる。実際、ブラックホール降着円盤のガスは周辺では数千度から数万度だが、ブラックホール近傍では1千万度あるいはそれ以上の高温になるのだ。太陽の表面でさえ6千度程度であることを思うと、降着円盤がいかに高温かがわかるだろう。

またガスは、その温度に応じた電磁波を放射するので、ブラックホール降着円盤の外部領域では赤外線が、中心に近づくにつれ可視光線が、さらには紫外線やX線が放射されることになる。この**降着円盤からの電磁放射が、近接連星やX線星、そして活動銀河の明るさの根源**なのだ。

ところでガスをこれだけ加熱するためのエネルギーはどこから来るのだろう。第1章で述べたが、その源が重力エネルギーなのである。

円盤のガスが回転の勢い（角運動量）を失って内側の軌道に移動すると、中心の天体による重力の勾配を少し落下するために、その落差だけ位置エネルギーが余る。余った位置エネルギーの半分は回転を増すのに費やされるが（内側の軌道ほど早く回転しないと遠心力と重力が釣り合うことができない）、残りの半分が粘性（すなわち摩擦）を通じて降着円盤のガスを加熱することに使われる。そして最終的には光に変換

図32　ブラックホール降着円盤の〝白黒画像〟(Luminet 1979)。スペクトル全波長域の放射強度を点描で示して写真状にしたもの。中央の黒い領域に、細い光のリングがあることに注意して欲しい。これはブラックホールの裏側から曲がって到来する〝帰還放射〟でできた**光子リング**で、2019年4月に発表された写真に写っている光の環が、まさにこの光子リングだった。

されて降着円盤表面から放出されるのだ。

本章の冒頭でも述べたように、この光を調べてブラックホールの姿をとらえようとする研究は１９７０年代から行われていた。ぼく自身もそのような研究にチャレンジしていた一人である。その話へ進もう。

最初に描かれた、光り輝くブラックホールの姿

ブラックホールを可視化する試み――そのすべては約40年前のルミネの論文（１９７９年）からはじまった。以前からブラックホール周辺での光線の振る舞いに関する基礎的研究はあったが、この論文ではじめて「光り輝くブラックホールの御姿」が発表されたのだ。ルミネの論

文を読んだのは大学院修士のころだったと思うが、とても印象的で衝撃的だったことをよく覚えている。そっか、こんな研究してもいいんだ、などとも思ったような？

いったいどんな人がこんな面白い研究をしたのか、とても気になったものだ。10年ほど後、一度だけ国際会議でルミネに会ったことがある。別にエキセントリックでもマニアックでも変な人でもなく、とても気さくなフランス人だった。

１９８８年の国際会議のときに撮影したルミネの写真を見ると、なかなかイケメンのパリジャンである。あまり並べたくないが同じときのぼくの写真、とりあえず、若い（爆）。

ちなみにちょうどこのころ、ぼくたちも「ブラックホールのカラー画像」を作成していて、後ろのポスターを見るとこの研究会で発表していることがわかる。ぼくたちが発表したブラックホールの〝カラー画像〟について、ルミネがとても面白いと褒めてくれたのは嬉しかった。半分リップサービスだとは思うが、外国の研究者はとても褒め上手だ。最近出されたルミネの回顧録（Luminet 2019）にはこの国際会議での出会いも書いてあって、〝The Japanese boy〟などと呼んでくれていた。

さて、ルミネが作成した画像は、シュバルツシルト・ブラックホール周辺の、幾何学的に薄く光学的に厚い、標準的な降着円盤、いわゆる標準降着円盤だ。

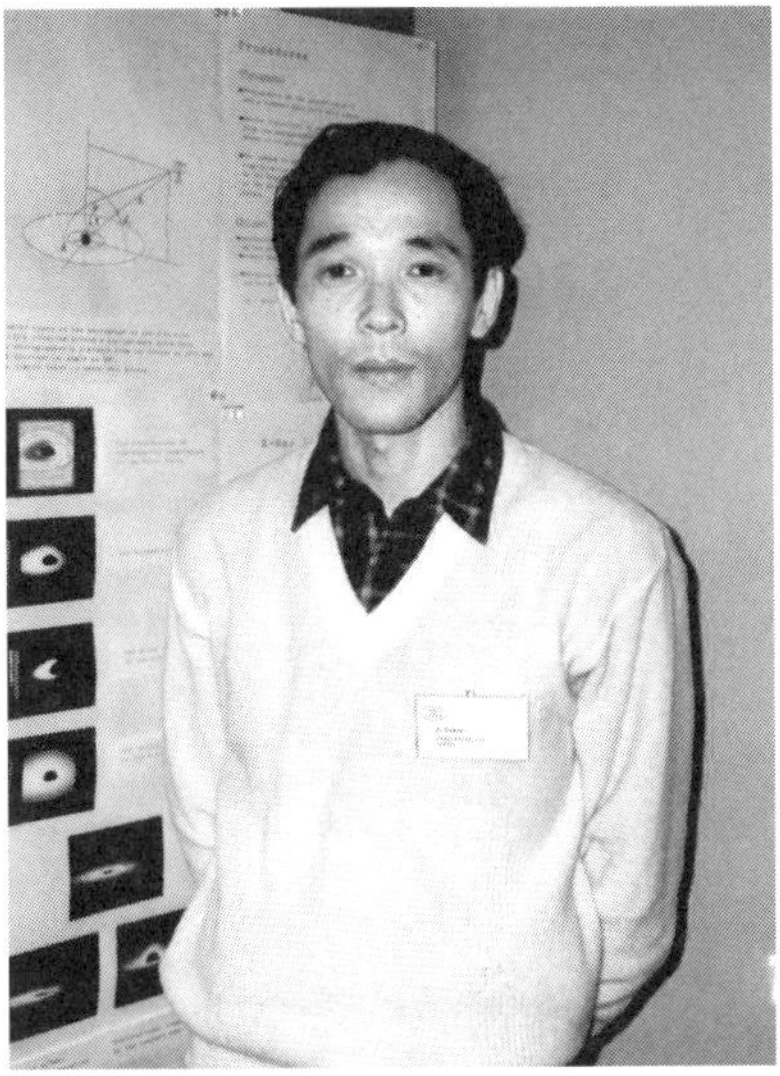

図33，34　ルミネ（1988年、山田コンファレンス、東京にて）、福江（同）

ルミネの論文には、従来の研究で導かれていた射影半径の解析的導出や、赤道面の射影、赤方偏移線などなど、ブラックホール降着円盤の〝視え方〟に関する基礎的な事項がきちんとまとめてある。そして、それらの**理論的法則にもとづいて、ブラックホール降着円盤の〝リアル〟イメージが「可視化」された**のだ。

なお、論文では、simulated photographと書いてあったので、ぼくはずっとルミネが数値計算で描いたと思っていた。しかし、ルミネの回顧録（Luminet 2019）を読むと、図32の点描は実は手描きだったそうだ。解析的な結果にもとづいて、白地に黒で点描し、白黒反転したものらしい。それはそれで大作である。

世界最初の〝ブラックホールカラー画像〟

ここで、やや手前味噌になるが、ぼくたちが30年前に発表した研究の紹介をしたい。

ルミネの論文はとても印象的で衝撃的で感動的だった。と同時に、いくつか不満もあった。まず、画像が点描だったことだ。当時のコンピュータの能力の範囲ギリギリで、点描というイメージにしたのだろう（と、30年ほど前は思っていたが、先にも書いたように、そもそも手描きだった!）。しかしもっとも不満だったのは白黒イメージだった点だ。いつの日にか、降着円盤をカラーで可視化したいと思った、ような気もしたような?

そしてぼくが大阪教育大学に就職した直後、2期目の学生だった横山卓史くんが関心をもったので、無謀にも卒論でチャレンジと相成った（Fukue and Yokoyama 1988）。修士論文ならまだしも、大学の卒業論文だからねぇ、コワイモノ知らずにもほどがある。実際、かなりの暴挙で、日本天文学会での発表前日に、〝世界初、ブラックホールのカラー画像撮影〟という見出しで、読売新聞の一面を飾った写真は、実

図35　ブラックホール降着円盤の〝カラー画像〟(Fukue and Yokoyama 1988)。
この図はモノクロ画像だが、カラーのものは口絵を見て欲しい。中心近傍の温度を10,000Kとして、大まかに可視光の色合いを着色した。裏から回り込んだ2次像（光子リング）は計算していない。

は後にバグがあったことがわかったりした。さいわい、学術論文として投稿した際にはちゃんと直したが、間違い写真にはとても焦った覚えがある。

後から思えば無謀なチャレンジだったかもしれないが、やはり、やってみようという気概は大事なのかもしれない。とにもかくにも、最後には正しい結果を得ることができたのだから、結果オーライである。最終的に日本天文学会の欧文学術誌に、光り輝くブラックホール降着円盤の世界初〝カラー画像〟が掲載された。またルミネの絵が手描きだった点を考慮すると、世界初の〝CG画像〟でもあったことになる。

細かい説明は後で行うとして、当時の話をもう少し書いておきたい。

美麗な〝絵〟を学術論文に載せていいんだとしても、基礎計算はルミネが行っているので、さすがに絵1枚では論文が受理されないだろう。そこで、いわばアリバイ作りみたいな感じで、電波からＸ線にいたる全波長域の画像に加え、可視光やＸ線領域（当時活躍していた日本のＸ線天文衛星ぎんがに合わせた波長域）などの画像や、掩蔽《えんぺい》光度曲線など、一応、それなりにアカデミックなものも〝おまけ〟に計算して論文にまとめた。こっちの本音は〝カラー画像〟にあるのだが、建前上は、それらの〝おまけ〟を主題として、〝カラー画像〟のほうを参考的に載せるようなレイアウトにした。当時の編集部からもカラー画像は不要だろうなどという意見も出たが、まぁ、そこは多少揉めたものの最後は載せてもらえた。

たしかに、天文学的（学術的）には掩蔽光度曲線などのほうが意味はあろう。しかし、初の〝ブラックホールカラー画像〟はやはりインパクトが強く、新聞トップはもとより、数十の雑誌から写真をリクエストされ、そのつどカメラ屋さんでプリントして送ったものだ。デジタル時代以前で、とても手間暇がかかり面倒だった。このときにはじめて知ったが、新聞とかはリクエストされて提供したものでも謝礼はなくて、手間暇はもちろん、プリント代などもすべて持ち出しなのだ。国内だけではない。論文が出版されて数年後には、アメリカの何冊かの大学教科書で使われたり、かの有名なネイチャー誌など海外の雑誌でも紹介された。学術的に意味のある掩蔽光度曲線が引用されたことはほとんどないが、歴史に名を刻んだのは（笑）カラー画像のほうで、なかなか複雑な心境ではある。

でも、歌手の人とかが一発ヒット曲があると、地方回りで一生食っていけるという話は、いまはよくわかる。ぼくも、この〝ブラックホールカラー画像〟を、30年以上にわたって、折に触れて使い倒し、最後には、こいつを中心に本まで書いているんだからねぇ。さすがにこいつで飯が食えるわけじゃないが、このような研究者にとってのヒット曲を「キラー論文」ということがある。そして**一生に3本ぐらいはキラー論文を書けるとよい**らしい。

も一つ裏話だが、１９８７年当時のパソコンのスペックだと、一枚の画像を計算するのに17時間ぐらいかかっていた。しかも色数は16色しか使えず、色の割り当てに苦労した。さらに計算精度もあまりよくなくて、画像をよく見ると三角関数の精度が悪いのかモアレ模様なども出ている。後年、大学院の後輩にあたる高橋労太くんが作成した美麗なシミュレーション画像（後述）などを眺めると、感慨深いものがある。

ブラックホールのシルエットは不可思議に歪んでいる!?

では、数値シミュレーションで可視化したブラックホールカラー画像の細かい説明をしていこう。まず、**光る衣——降着円盤——を纏ったブラックホールのシルエット**だが、これはブラックホールそのものの影ではない。

周囲からブラックホールへ向けて降り注ぐガスの量が「ほどほど」の場合、ブラックホール周辺に形成されるガス円盤は、形状的には薄く光に対しては不透明で、ガスは中心ほど高速で回転しており、表面温度も中心ほど高い状態になっている（標準降着円盤）。

ただし、ブラックホールの境界まで降着円盤が存在しているわけではない（96ページの図27参照）。ブラックホールのごく近傍では、**ブラックホールの重力が強すぎて回転運動を維持できなくなる**ことがわかっている。これはニュートン力学では起こらないことで、ブラックホール（一般相対論）特有の現象だ。

回転が維持できなくなる場所は**最終安定円軌道**と呼ばれるが、自転のないシュバルツシルト・ブラックホールの場合はシュバルツシルト半径の3倍になる（自転のあるカー・ブラックホールでは小さくなる）。そのため、シュバルツシルト・ブラックホールのまわりの標準降着円盤では、3シュバルツシルト半径までは光り輝く円盤があるが、それより内側では円盤ガスが即座にブラックホールに落ち込むため、光るガスはほぼなくなる。**ブラックホールのカラー画像で黒いシルエットとし**

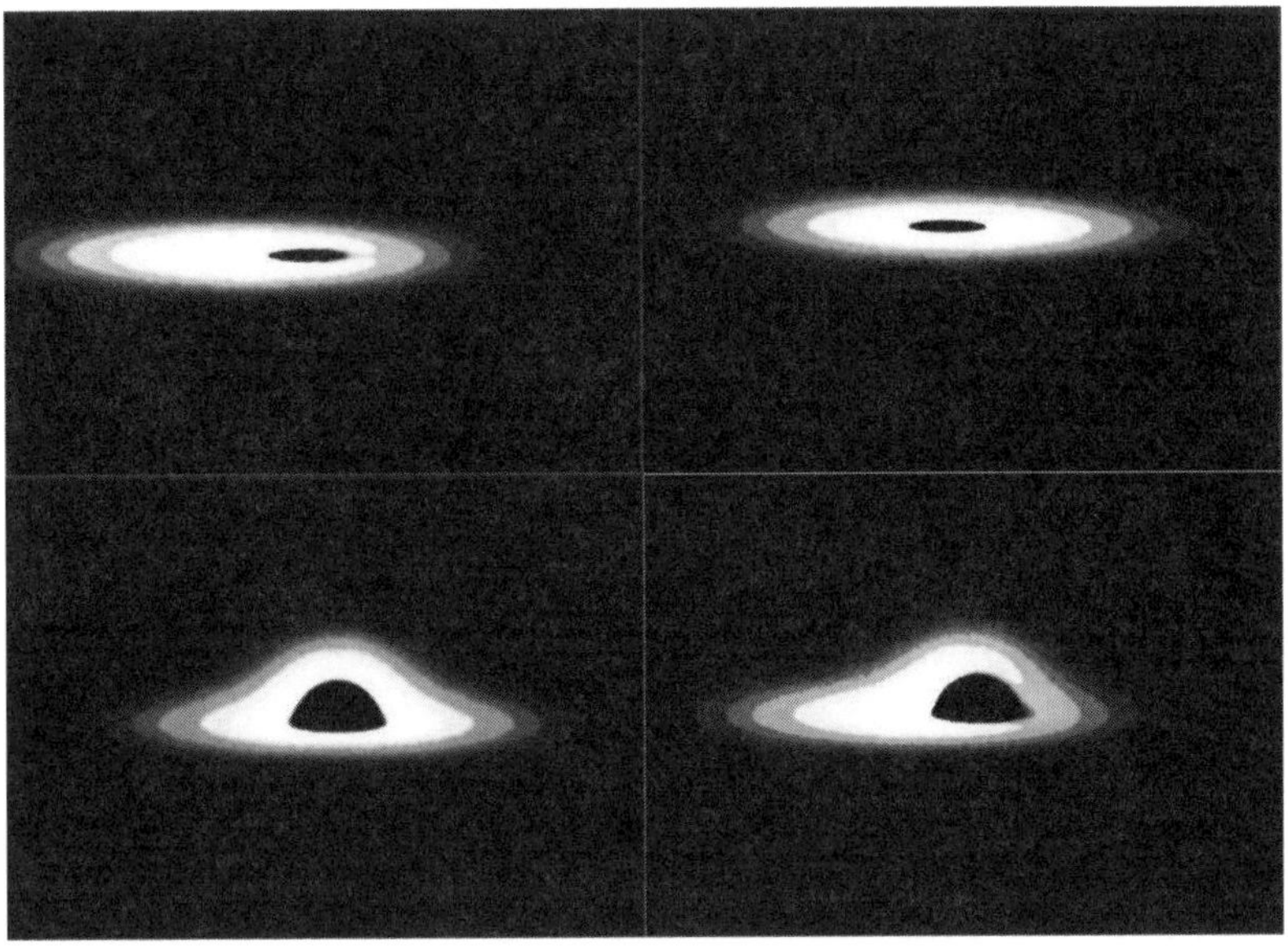

図36　標準的な光り輝くドレスを纏ったブラックホールのシルエット。幾何学的に薄く不透明な標準的な降着円盤を俯角10度から眺めたもの。（右上）相対論的効果のない状況での見え方、（左上）円盤ガスの回転に伴うドップラー効果だけを考慮したときの見え方、（左下）ブラックホールのまわりの光線の曲がりだけを考慮したときの見え方、（右下）相対論的効果をすべて考慮した場合の見え方。

て〝視え〟ているものは、その光っていない内部空洞領域なのだ。

つぎに、よく見ると、**光る衣は左右にも上下にも非常に歪んでいる。**このシルエットの歪みにも、さまざまな相対論的効果が関与している。それらの効果を切り分けて、いろいろな効果を示したのが図36だ。この図は、シュバルツシルト・ブラックホールを取り巻き反時計回りに回っている標準降着円盤を、円盤面から俯角10度の方向から眺めた姿だ。円盤のガスの温度は、活動銀河中心核の降着円盤を想定し、中心付近で10万度としてある。

斜め上から10度の角度で見下ろすと、普通の感覚では、図36右上のように見えるだろう。ガスの温度が高い中心部ほど明るく、しかも中心に開いたシュバルツシルト半径の3倍の半径の穴は、斜めから見ているために横に平べったい楕円に見えるはずだ。

しかし、円盤のガスはブラックホール近傍では亜光速で回転している（図37左）。円盤は観測者に対して反時計回りに回転しているので、円盤の向かって左側が撮影者に近づくように回っており、そちら側から放射された光は波長が短く青いほうにドップラー偏移して、同時に（可視領域で）エネルギーが高くなって観測される。逆に右側からの光は、波長が長く赤いほうに偏移して暗くなる。これらの特殊相対論的ドップラー効果の影響が左右の非対称性を生み出す（図36左上）。

さらにブラックホールのまわりでは空間が曲がっており、光線の経路も曲げられる（図37右）。そのため、ガス円盤の手前側（画像では下側）から出た光は、ほぼ一直線に進んで観測者に届くが、向こう側（画像では上側）からくる光は、ブラックホールの近くを通ってくるためにその経路が大きく曲がる。その結果、円盤の上半分が浮き上がって見えるのだ。この光線の曲がりが上下の非対称性を生み出すこととなる（図36左下）。また円盤中心の黒い穴も、この光線の曲がりの効果のために饅頭《まんじゅう》のように

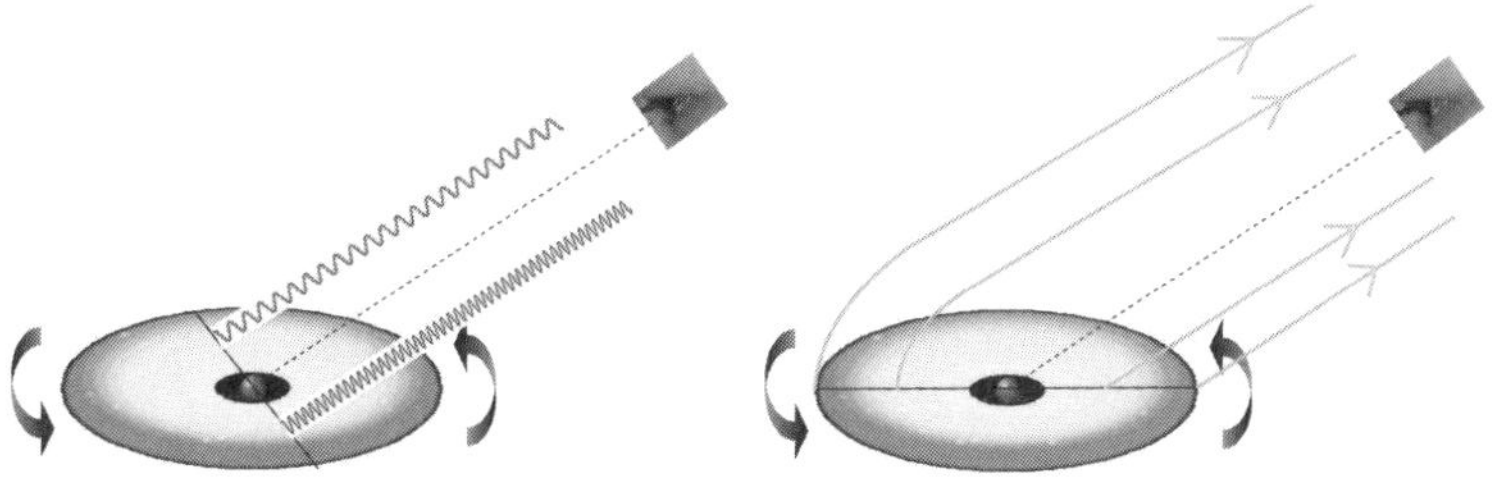

図37　2種類の相対論的効果
（左）特殊相対論的ドップラー効果と（右）一般相対論的な光線の曲がり

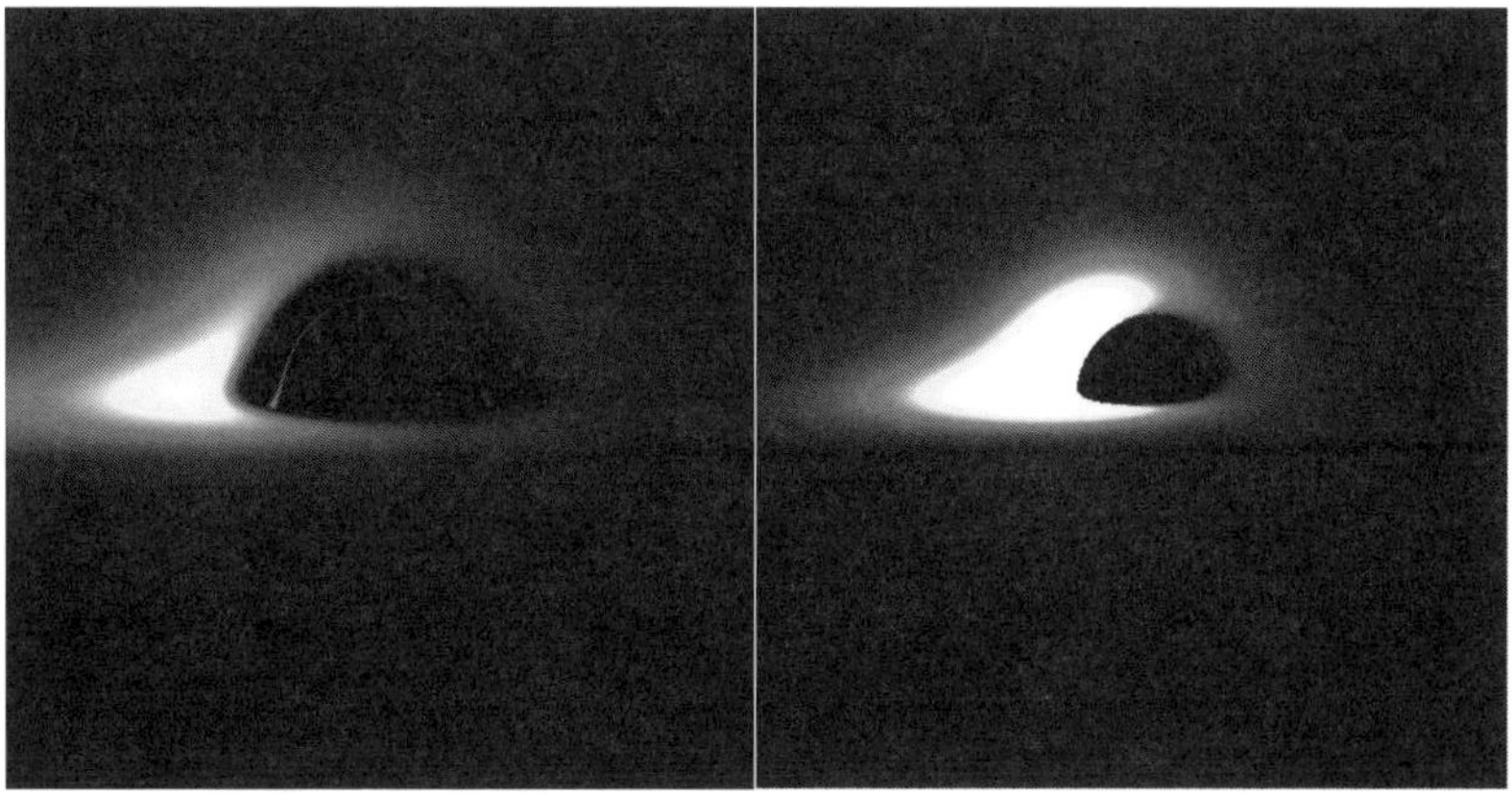

図38　シュバルツシルト・ブラックホール（左）と最大回転カー・ブラックホール（右）におけるシルエットの違い（Takahashi 2004）。左の図では、黒い領域内に、細い円形のリング（光子リング）があることに注意。

盛り上がった形になる。

実際には、円盤の回転によるドップラー効果と、重力場中での光線の曲がりの影響が合わさって、図36右下のようになる。**異様に歪んだガス円盤の像は、ブラックホールによって歪められた〝時空のシルエット〟**なわけだ。

なお、ここでは自転していないシュバルツシルト・ブラックホールの場合を中心に紹介したが、光り輝く標準降着円盤を纏ったカー・ブラックホールのシルエットも詳しく調べられている（図38）。

シルエット部分を拡大してみると

本章ではブラックホールの美しい姿をぼく自身の仕事も交えながら紹介しているわけだが、ぼくもブラックホールの可視化ばかりしているわけじゃない。常日頃は、ブラックホール周辺で起こるさまざまな活動現象、降着円盤の構造や振動現象、宇宙ジェットや降着円盤風の形成や加速機構などについて、比較的地味で地道な研究をしている。数式以外にも、説明図や結果のグラフはあるものの、なかなか新聞に載りそうな絵は出てこない。さらにはブラックホールとは直接に関係ない非常に基礎的な方面で、宇宙流体現象や相対論的輻射《ふくしゃ》輸送および相対論的輻射流体力学などという舌を噛みそうなテーマについて、数式を紡ぎ出し呪文のように編み上げて、宇宙の神秘を解きほぐそうとしている（ちょっと格好いい言い方をしてみた）。

とはいっても、いろいろな研究が進むと、新しい知見が得られて、また異なった視点からブラックホールの〝視え方〟に立ち戻ることもある。この章の後半では、そのような**さまざまな視点からのブラックホール描写法**を紹介していこう。

まず、ブラックホールを輝かせる標準降着円盤絡みのものについて、もう少し紹介しておく。

最初のころから気になっていた点の一つは、**標準降着円盤の内縁問題**だ。

標準降着円盤をシュバルツシルト半径の3倍に位置する内縁でスパっと断ち切るのは、数学的なモデルを単純にするためで、実際には内縁より内側にもブラックホールへ落ち込むガスが存在しているはずだ。ただ、スッとブラックホールに吸い込まれるので、ガスの量は少ないだろうし、光る間もないだろうと（勝手に）想像しているだけなのだ。

しかし、その後、降着円盤のより詳細なモデルが計算されていくと、外部から降り積もってくるガスの量が多い場合には、内縁より内側にも多少は光るガス円盤が広がっていくことがわかってきた。

　ブラックホールの表面の部分は、**シュバルツシルトの喉**《のど》と呼ばれることもある。シュバルツシルト・ブラックホールの場合には、喉の半径はシュバルツシルト半径になる。標準的な降着円盤、すなわち光のドレスのような円盤状のガスを纏っている場合は、その輝きはシュバルツシルト半径の３倍のところで断ち切られており、いわば襟ぐりが大きく開いたドレスのような見え方になるだろう。しかし落下するガスの量によっては、３シュバルツシルト半径より内側にも光る落下ガスが存在していて、いわば、襟が喉元まで締まったドレスもあるわけだ。

　このような研究の進展を鑑《かんが》みて、内縁半径の大きさと温度分布、すなわち襟ぐりのサイズやドレスの模様を変えて、いくつかのコスプレ（コスチュームプレイ）をしてみたことがある（図39）。２００２年ぐらいのことだ。

　いろいろなコスプレ画像は煩雑になるので省略するが、そのときに得られた中央シルエット部分の拡大図を示しておく。一番上の列が標準ドレス、真ん中の列が喉元までそこそこに続いているドレス、一番下が喉元まで光り輝いているドレスになっている。また左側が真上からの画像で、右側が俯角５度からの画像で、それぞれの画像の差し渡しは10シュバルツシルト半径。

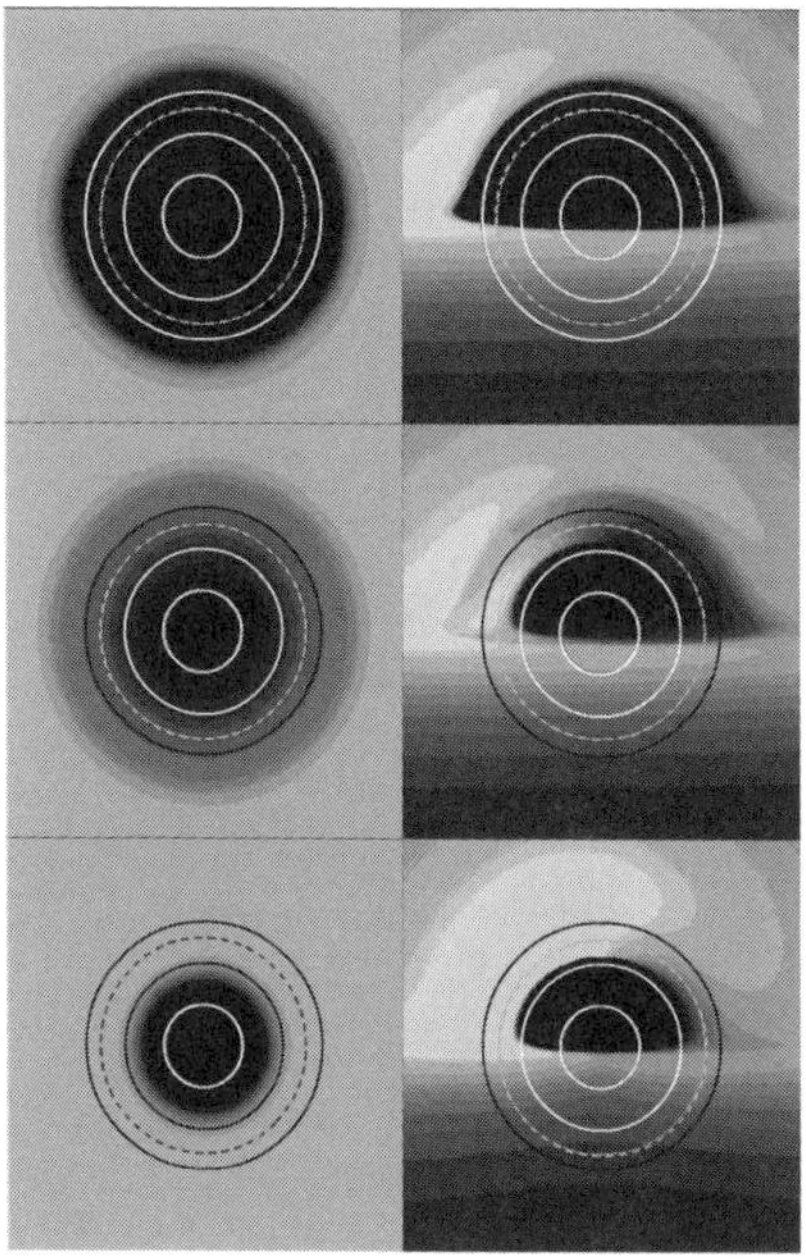

図39　シルエット領域の拡大。中央のシルエット付近を拡大してみたもの（Fukue2003）。
一番上の列は標準ドレス、真ん中の列は喉元近くまでドレスがあり、一番下は喉元まで光り輝くドレスが続いている。
左側は真上から、右側が俯角5度から撮った写真で、それぞれの写真の差し渡しは10シュバルツシルト半径。
実線で描かれた3つの円は、それぞれ、1シュバルツシルト半径、2シュバルツシルト半径、3シュバルツシルト半径の円を表し、破線の円は、2.6シュバルツシルト半径の円を表す。

画像に重ねていくつかの円が描いてあるが、実線で描かれた３つの円は、それぞれ、１シュバルツシルト半径、２シュバルツシルト半径、３シュバルツシルト半径の円を表している。また破線の円は、２・６シュバルツシルト半径の円を表している。

後で詳しく説明するが、実は、**単独で存在するシュバルツシルト・ブラックホールの形式的な見かけの半径が、２・６シュバルツシルト半径**になる。そして何度か出てきた**光子リングの半径も同じく２・６シュバルツシルト半径**である。

この図で強調したい点は、まず真上方

向から見たとき、３シュバルツシルト半径まで光っているはずの標準ドレスではシルエットの大きさは３シュバルツシルト半径よりいくぶん大きく、１シュバルツシルト半径の喉元までドレスがある場合もシルエットの大きさは1シュバルツシルト半径よりいくぶん大き目だということだ。シルエットが歪む理由のところで説明したが、これはブラックホールのまわりで光線が曲がる効果が働いているためだ。

さらに横方向から見たとき、標準ドレスではやはり光線の曲がりの効果が効いてシルエットの大きさは3シュバルツシルト半径よりいくぶん大きい程度だが、喉元まで光っている場合は光線の曲がりの効果が強く働いてシルエットの大きさは2シュバルツシルト半径よりも大きくなっている。ブラックホールに近いほど光線が大きく曲げられるためだ。

なお、真横方向から見たときは、シルエットの形は円形ではなくて半円形になっている。これは、先にも出てきた、光り輝く円盤の手前側がブラックホールを隠すという射影効果のためだ。

余談だが、英語の学術論文ではさすがにコスプレ（コスチュームプレイ）などの言葉は使わなかったものの、２００３年に出版された論文のタイトルは「Silhouette of a Dressed Black Hole（ドレスを着たブラックホールのシルエット）」というものだ

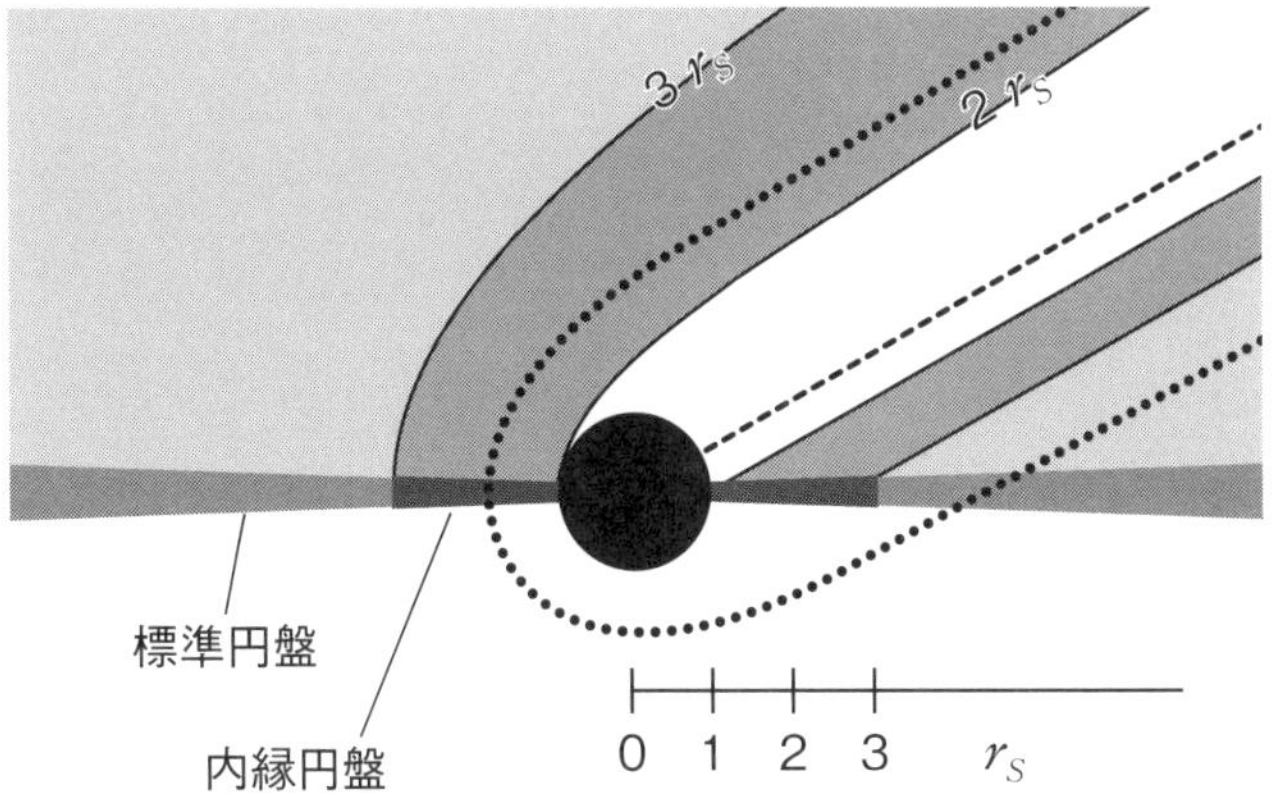

図40　光線の曲がりの説明図。右上からブラックホール&降着円盤を観ているときの、標準円盤の内縁（3シュバルツシルト半径）から発した光線の軌跡と、ブラックホールの喉元まで光っている円盤の最内縁（1シュバルツシルト半径）から発した光線の軌跡を表したもの。破線は単独のブラックホールの見かけの大きさを表す、遠方で2.6シュバルツシルト半径となる光線の軌跡。目盛りの単位はシュバルツシルト半径。

った。〝カラー画像〟を載せることさえ嫌がられた時代と比べると、〝カラー画像〟だけの論文が掲載されるようになったのだから、日本の学術雑誌もずいぶんと開明的になったものだ。

よりリアルな〝ブラックホール画像〟を目指して　——ドレスの輝き具合

ぼく自身は小さいときからゲームが好きで、トランプや花札はもちろん、碁や将棋から麻雀まで一通りできる。当然、パソコンゲームは黎明期からしていたし、もちろんＴＶゲームもファミコン以来のファンで、スーファミ、セガサターン、プレイステーション、ドリームキャスト、ＰＳ２、ゲームキューブ、ＰＳ３などの据え置き機や、ＤＳやＰＳＰなど携帯ゲーム機を楽しんできたクチだ。最近は据え置き機でじっくりするヒマはないが、自宅のある京都から勤務先の大阪までの通勤途中など、３ＤＳやＰＳＶＩＴＡそしていまはＳｗｉｔｃｈ　Ｌｉｔｅなどの携帯ゲーム機で日々ゲームに勤《いそ》しんでいる（ちょっと格好つけて嘘つきました、自宅でもしています）。

　初期の粗いドット絵と比べると、いまでは携帯ゲーム機でも美麗なＣＧ画像が見られるようになった。据え置き機のＣＧだとホンモノと区別がつかないぐらいのものもある。解像度も色数も動きも格段に向上した。もちろんゲームの面白さは、シナリオやキャラクターや（ぼくの好きなＲＰＧの場合）ゲームバランスなどにあるのだが、リアルで綺麗な絵がスムーズに動くのはもちろん大歓迎だ。

　ブラックホールの御姿のシミュレーション画像も同様で、できるだけリアルっぽいものに近づくことは大歓迎なわけだ。

　さて、未来に発見されるはずのブラックホールがどんな姿をしているのか、それを解明すべくブラックホールのシミュレーション画像を作成したのだが、当初から気になっていた点としては、内縁問題（円盤のモデルの問題）以外にも、**明るさ（輝度）の問題**と、**色数と色味（着色）の問題**があった。**リアル画像への道は容易なものではない**のである。

まず明るさ（輝度）の問題について説明しよう。

高温で光っている物質の明るさ（輝度）は全波長域で考えると物質の温度の4乗に比例することが知られている。高校の物理だと**ステファン・ボルツマンの法則**という名前で学ぶものだ。

たとえば、太陽の表面温度は絶対温度で約6千度（摂氏温度でもほぼ6千度）だが、身のまわりの温度は気温や体温ぐらいを基準にすると絶対温度で３００度（摂氏で30度）ぐらいだろう。太陽の温度のほうがざっと20倍ほど高い。ということは、身のまわりの明るさに比べ、太陽の明るさ（輝度）は（20を4乗して）16万倍ぐらい大きいことになる。波長を無視した粗い見積もりだが、それほど悪い見積もりではない。実際、太陽の写真を撮るときには、明るさを10万分の1ぐらいに減光するフィルタをかぶせて撮る。

そこで、ブラックホールのまわりの降着円盤の場合だが、降着円盤の表面温度は場所によって大きく違う。

X線連星の場合は中心付近で数千万度で、外側にいくにつれ、数百万度、さらには数万度と下がっていく（活動銀河だと、中心付近の数十万度から、数万度、さらには

図41　ブラックホールシルエットのよりリアルな輝度分布。輝度の違いが大きすぎてきちんと写らない。

数千度と下がる）。中心部と周辺部で、10倍、100倍と桁で温度が違うので、明るさ（輝度）にすると、1万倍から1億倍と違ってくる。

こんなに極端に明るさが違うモノを同じ写真に撮影することは不可能だ。

したがって、明るさ（輝度）の問題は当初からどうしようもないことがわかっていた。

図は中心部の輝度に合わせて作成したもので、周辺が急激に薄暗くなってしまう。ちなみに、輝度をきちんと計算してみた例を図41に示す。

逆に、周辺部の光量に合わせると、中央部は白トビしてしまい（サチるともいう）、明るさの変化がわからなくなる。どうにもこうにもショボい。このリアルな明るさ分布でカラー画像を作成しても、あまりインパクトのあるものにはならなかっただろう。

リアルという観点からは、明るさのコントラストは、これはもうどうしようもないことなので、シミュレーション結果を可視化する際には、全体が綺麗に見えるように、明るさの変化はリアルさをあきらめ、本当の変化よりもずっと緩やかなものにした。

もっとリアルな〝ブラックホール画像〟を目指して
——ドレスの彩り具合

もう一つのリアルさは、色の問題だ。いまでこそ、光の三原色のＲＧＢ（赤・緑・青）とか、物体の三原色のＣＭＹ（シアン・マゼンタ・黄）などについても知っているが、30年ほど前に最初に画像を作成したころは単純に色に関する知識がなかった。そして、温度に合わせて、最高温部は青白く、高温部は白く、さらに黄白色から橙系へと、それなりに（言い換えれば適当に）着色していた。一応、星の温度と色の関係に合わせるようにはしたが。ただし、いずれにせよ、先にも触れたように、当時のパソコンでは16色しか表現できなかったので、細かな色変化はそもそも不可能な時代だった。

しかし、その後、パソコンの性能は格段に向上して、いまでは無数の色が表現できる。ぼくが使っている数値計算ソフトの制限で２５６色しか出せないのが少し悲しいが、それでも２５６色あれば、相当に微妙な色変化まで表現できる。

さらにいろいろな研究や経験を積んで、ぼく自身のスペックも多少は向上し、ＲＧＢ表色系での色表現ができるようになった。すなわち、ある温度で光っている物質について、**温度を与えると、R値G値B値のそれぞれを計算して、RGBでの色合成ができるようになった**のだ。ＲＧＢ値をきちんと計算して色合成したものを口絵に載せているので見てみて欲しい。

明るさ（輝度）まで考慮するとわからなくなるので、図では色値（彩度）だけを表現してある。

標準降着円盤の表面温度に即した色にすると、中心領域はやや青白っぽい色がついていることがわかるかと思う。一方、周辺では温度が急激に下がるので橙色から赤っぽくなっていく。結果、全体としては、色味のボンヤリとしたさえないカラー画像になってしまった。最初に作成したカラーシミュレーション画像にあった、白っぽい色や黄色や真っ赤な色合いは、どうも嘘っぽかったようだ。

ちなみに、よく見ると、中央部のシルエットを取り囲む内縁の縁がうっすらと赤くなっているのがわかるだろうか。さらによく見ると、右側のほうがより赤い。これは実はリアルなもので、**ドップラー効果や重力赤方偏移が原因で、内縁からの光の波長が伸びた結果、色味が赤っぽくなっている**のだ。この効果は最初に作ったカラー画像にも見られるが、きちんとＲＧＢ色を計算した場合でも、このような微妙な効果が現れたのは、ちょっと嬉しかったりした。

余談だが、このＲＧＢカラー画像、さすがにこれだけでは学術論文にはできない。そんな矢先、日本天文学会の２００９年の春季年会で、ブラックホールシルエットのレビュー講演（招待講演）を頼まれた。ただレビューするだけでは少し物足りないので、〝天体は見た目が10割〟主義にしたがって、春の学会に向けて相対論的運動体の観測的な見え方についての計算も行い、その内容は論文にまとめた。その際おまけ的に、ＲＧＢ値を各場所できちんと計算して着色した〝カラー画像〟を、周縁減光効果（すぐつぎで説明する）というものを考慮することでそれなりに意義を与えて掲載することができた。何だか学術雑誌に趣味の写真を載せているみたいだが、論文本体のほうはそれなりに詳細な相対論的計算をしている。

さらにリアルな〝ブラックホール画像〟を目指して
——ドレスの質感

一番最初から気になっていた内縁問題や色の問題以外にも、光（放射）の性質についていろいろと理解が進むと、初期の計算には他にも問題があることがわかってきた。**光り輝くドレス（降着円盤）は半透明なガス体であるため、透明感（質感）を表現しないとリアルにならない。**

先にゲームのＣＧが綺麗になっていることを書いたが、初期のＣＧ画像は、人間の肌が金属のような光沢をしていたものだ。これは人間の肌でも金属表面のように光を反射させて明るさや色をつけていたためだ。

中学校の実験などで口内粘膜の表皮細胞を見た人は、細胞がほとんど透明だったのを覚えているかもしれない。人間の皮膚はほとんど透明な表皮細胞が重なっているので、人肌は半透明になっていて、皮膚の下にある血管なども少し透けて見える。これがいわゆる**質感**だ。最近のＣＧ画像では、この質感をきちんと計算処理できるようになったので、ゲーム画面の人間がだんだんホンモノと区別ができないくらいになってきたわけだ。

さて、ブラックホールが纏う光り輝くドレス――**降着円盤も、ガスでできているので、空に浮かぶ雲や宇宙空間の星雲、そして太陽表層のように半透明**だ。しかし２００３年ぐらいまでの計算では、金属と同じ扱いをしていた。というのは当時はあまり深くは考えず、降着円盤には金属のようなはっきりとした表面があり、その〝金属〟面がある温度で光っていると仮定して、カラー画像を作成していたのだ。いわば、金属人間のような絵になっていたわけだ。しかし光り輝くドレスは金属でできているわけじゃなく、半透明な高級生地でできている。その状況をきちんと画像に反映できないだろうか、というのがつぎの課題となった。
質感を表現するための最初の入り口が、先に名前を出した、**周縁減光効果**というものだ。

太陽の拡大写真を見ると周縁が暗く写っているが、これを周縁減光効果という。この周縁減光効果は、太陽が光るガス体であること、内部ほど温度が高いこと、そして球状であることが原因で起こる現象だ。

太陽はガス体なため、表面近傍は半透明で、やや内部から到来する光を観測することになる。ところが太陽が球体であるために、太陽面中央部で観測される場所の太陽表面から測った深さに比べ、周縁部では（太陽面が曲がっているので）観測者から観測される場所の深さは太陽表面からはもっと浅い場所になる。そして、太陽は内部に向かって温度が上昇しているので、表面中央付近に比べて周縁部では、見える場所の温度はより低くなり、暗くなって、周縁減光効果が生じるのだ。

同じ球状の天体でも、固体でできた月の場合、周縁減

図42　太陽の写真。2002年6月6日に起こった金星の日面通過時に撮影したもの。左側の黒い円が金星で、その他の黒いシミは黒点。

光効果は生じない。月の場合は、太陽から入射した光は月面の細かなチリであらゆる方向にほぼまんべんなく散乱されるため、月面の中央でも縁のほうでも、明るい部分の輝度はあまり違わないのである（月の海のように暗い部分はある）。

さて、このような**周縁減光効果はブラックホールを取り巻く降着円盤でも生じる。**降着円盤は球状ではなく平板状だが、やはり半透明なガスからできており、そして表面から内部に向かって温度が上昇する。その結果、真上から見ると温度の高い内部まで透けて見えて明るく見えるが、斜めから見ると温度の低い上層部までしか透けて見えないので暗くなるのだ。

このような周縁減光効果は、ガス中の光線の伝播を調べる**輻射輸送**という手法を使えばきちんと計算することができる。さらには、ブラックホール周辺では、ガスが亜光速で運動していたり、空間が曲がっていたりするので、**相対論的輻射輸送**を使わないといけない。どっかで聞いたような言葉だ。

ぼく自身は、２００５年ぐらいから、（相対論的）輻射輸送に本格的に取り組み、ブラックホールを攻略する武器として少しずつ使えるようになった。その結果、ブラックホールの纏う光り輝くドレスの質感が、よりリアルな画像として表現できるようになったのだ。ええと、一応、書いておくと、よりリアルなドレスを表現するという

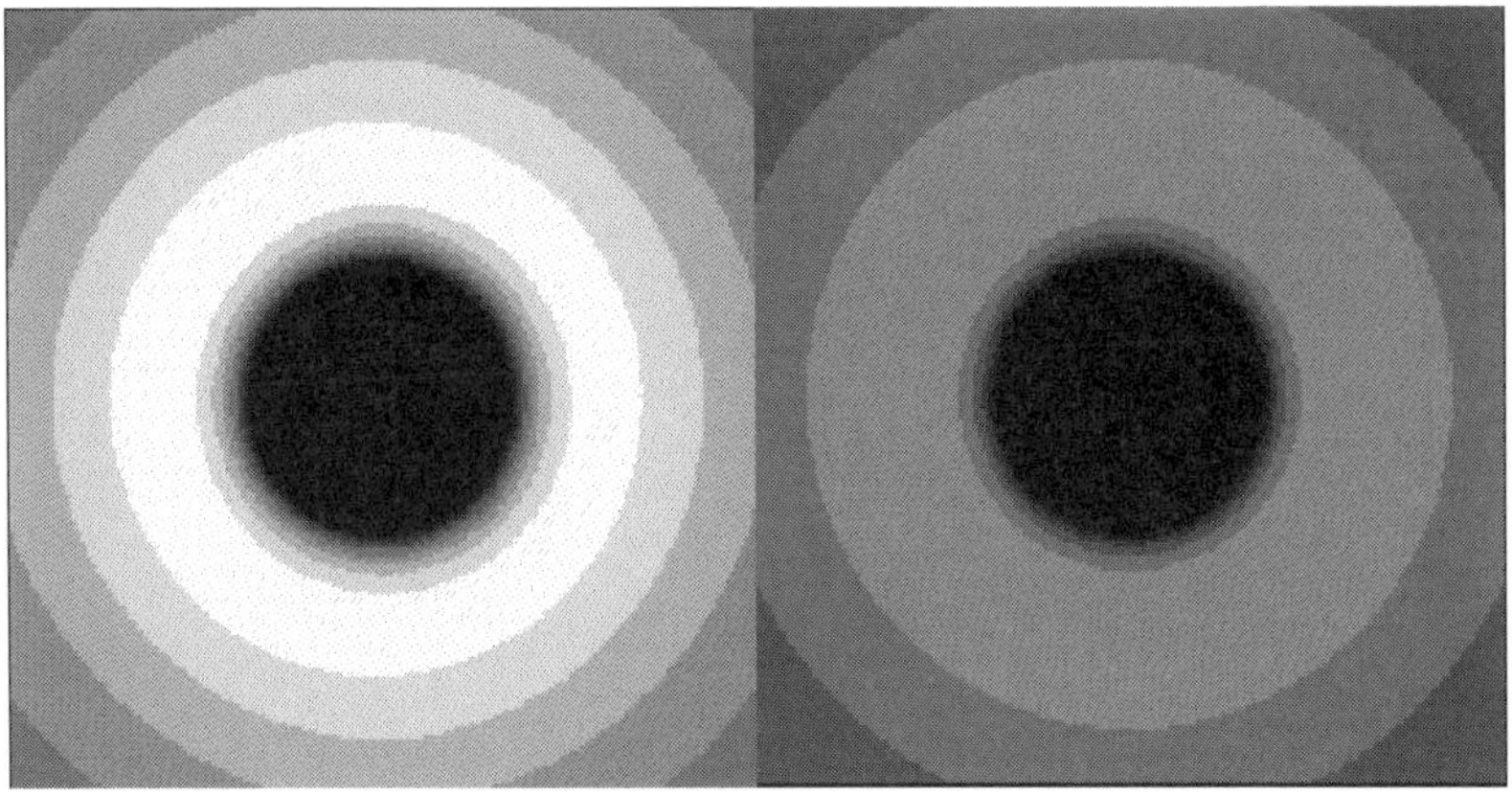

図43　周縁減光効果のない場合（左）と効果を入れた場合（右）の撮像イメージ（Fukue and Akizuki 2006)。

〝趣味〟のためだけに（相対論的）輻射輸送に取り組んだわけじゃないですよ。また後でも書くが、研究ダンジョンの奥深くに挑むために（相対論的）輻射輸送という武器を手に入れたもので、そのスピンオフ作品がドレスの質感ということになる。

　ブラックホール降着円盤の輻射輸送については、２００６年、当時、修士課程の大学院生だった秋月千鶴さんと計算して、その具体例として周縁減光効果の写真を掲載した。

　先にも書いたように、周縁減光効果を入れると、降着円盤を斜めから観測したときには浅くて温度の低い層を観測するために、通常の周縁減光効果で全般的には暗くなる。一方、ブラックホール降着円盤の場合、実は真上から観測しても暗くなる！　という意外な結論が得られた。その理由は、円盤ガスが亜光速で回転しているので、光行差というものによって、円盤ガスから出た光は真上ではなく斜め前方へ放射されることになり、真上から見ているのに、斜めから見ているようなヘンテコな状況になるためだ。

映画『インターステラー』のブラックホール画像

ＳＦ映画『インターステラー』（２０１４年）を観たことがある読者の方はどれくらいおられるだろうか。この映画は、相対論の大御所で先年には重力波直接検出でノーベル賞も受賞したキップ・Ｓ・ソーンらが科学考証したという触れ込みで、リアルなブラックホール周辺の描写が話題になった。その話を聞いてソーンらの論文はすぐにチェックしたが、映画自体は２０１５年の盆休みにＤＶＤで鑑賞した。

まぁ、予想通りというか、ブラックホール周辺の描写は、案の定、画面のインパクトを重視して、一部の相対論的効果しか考慮していない間違ったもので、遠方での描写はともかく事象の地平面近傍では同じ絵にはならないよ、とか、ワームホールの外観はさすがにリアルっぽいものの、通過時はたぶん違うだろうなぁ、とか、時間のずれもそんなにならないよ、とか、いろいろ突っ込みどころは満載だった。画面的・ストーリー的には仕方ないのも理解できるけど、と思いつつも、後半はもう釘付けで、

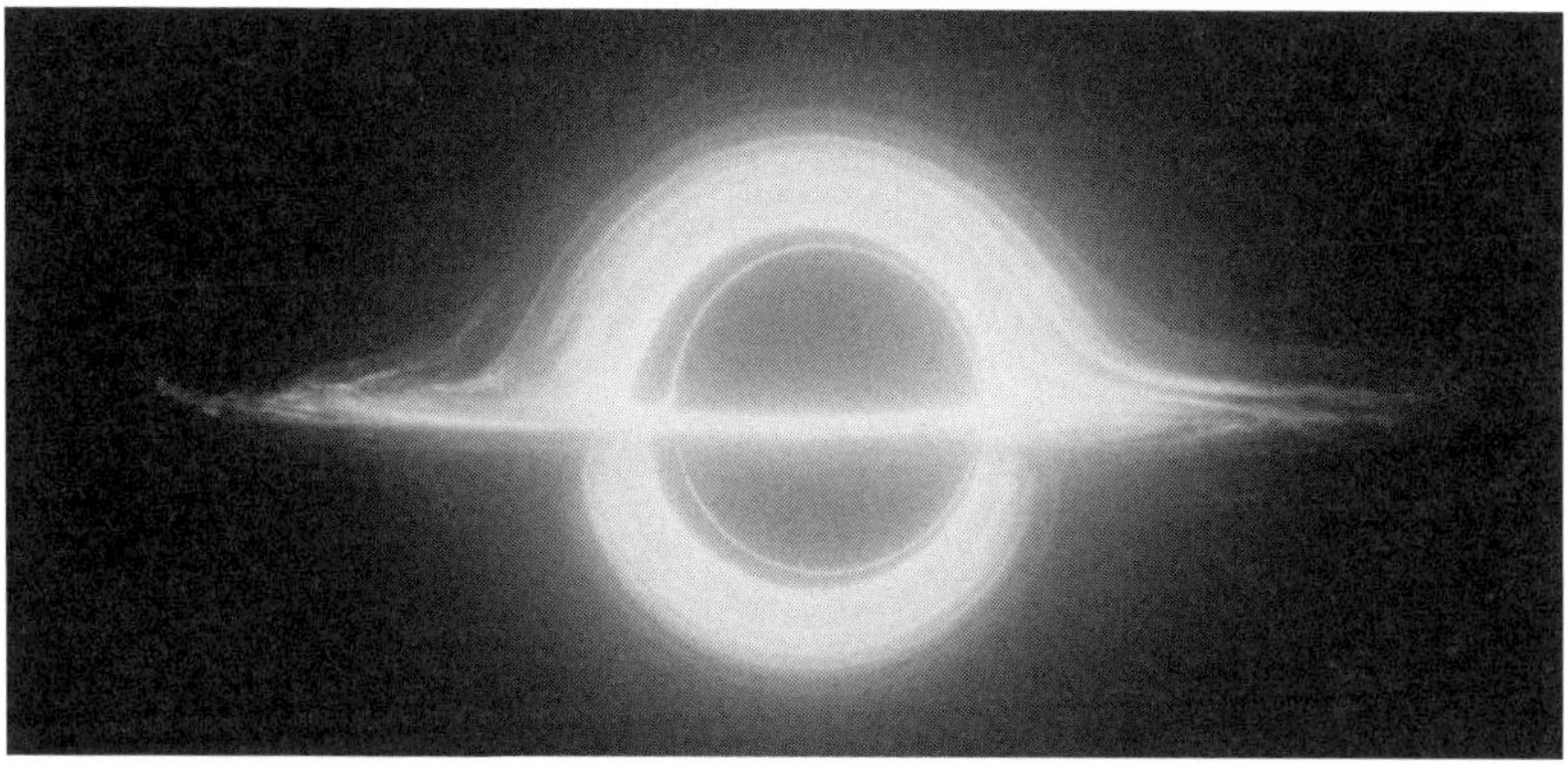

図44　映画『インターステラー』に使われたのと同種のイメージ（James et al. 2015)。
通常の降着円盤に比べて半径方向の幅が非常に小さいリボン状の円盤が置いてあり、上側からの光線の曲がりによる像（上側の太いリング）に加え、裏側からブラックホールを回り込んだ像（下側の太いリング）も見える。内部の黒い領域に細いリング（光子リング）が見えていることを覚えていて欲しい。

ラストは涙滂沱状態（笑）。宇宙飛行士の父と科学者になった娘の絆を主軸とする、よい映画だったかな、と思う。

ディズニーが制作した『ブラックホール』（１９７９年）や邦画の『さよならジュピター』（１９８４年）、そして名作アニメ『トップをねらえ！』（１９８８年）など、ブラックホールが描写された映画やアニメはいろいろあるが、『インターステラー』ほど本気で描かれたのははじめてだろう。

ソーンらがブラックホールを可視化するための光り輝くドレスとして置いたのは、温度が４千５００度ほどの幅が狭いガス円盤だ。円盤が遠方まで広がっていないので、裾の長いドレスというより、ビキニみたいな感じだろうか。

まず、光線の曲がりによる効果で**ブラック**

ホールの上側から回り込んでくる光線による半円形の太いリング状の輝きがある。また幅が狭い円盤にしたので、下半分が隠されておらず、**下側から回り込んでくる光線による半円形の太いリング状の輝き**がある。上下合わせて円形のリング状の輝きと、ブラックホール手前のガス円盤の輝きからできているのがわかる。注意して見ると、**内部の黒い領域に細い円形のリング（光子リング）**も見て取れる。

　さて、本書をここまで読んでこられた方は、『インターステラー』のブラックホール画像の間違いがわかるかと思う。まず**回転に伴うドップラー効果が入っていない。**また**明るさ（輝度）のコントラストも入っていない。**ソーンらの学術論文の中では、色のシフトや輝度のシフトなどを考慮したケースも計算されていて、それらを入れたイメージがtrueに近いとちゃんと書かれている。しかし、先にも書いたように、どうしても絵的にはショボくなってしまうので、映画の画像としては採用できなかったそうだ。

　また同時に、輝度のシフトや色のシフトなど、相対論的なすべての効果は従来の研究ですでに行われていると、**きちんとフェアに書いてある。**彼らの研究で新しく取り入れた効果は、仮にこのようなブラックホールを写真撮影するとしたら、強い

図45　キップ・S・ソーン（1999年、京都にて）

光源にカメラレンズを向けた際に生じる、「レンズフレア」というレンズ光学系内での散乱を考慮したことだ。その結果、映画的にはよりリアルでインパクトのある画像に仕立てることができたようだ。

ソーンは相対論の大家で、ぼくなど相対論を少し使う人間からすると、文字通り、雲の上の人だ。しかし、そんな大研究者でも、やはりリアルなイメージにはこだわりがあるんだなと、ちょっと同類の匂いを感じて嬉しい。カール・セーガンのSF『コンタクト』（映画にもなっている）では、ソーンはワームホール・タイムマシンのアイデアも出している（こちらも学術論文になっている）。SFを楽しみながら学術論文に仕立てるあたりも、ソーンはますます同類の匂いがする（笑）。

ソーンには国際会議で2度ほど会ったことがある。こちらはかなりびびりながら話しかけたのに、とても気さくに受け答えしてくれたのを覚えている。エライ人ほど優しいものだ。また遠慮がちに写真を撮らせて欲しいと頼んだら、気恥ずかしそうにポーズを撮ってくれた。

とまぁ、ぼく自身、四半世紀以上にわたり、「ブラックホールシルエット」で小文など書いてきたが、もう10年ぐらい、こんなに綺麗には見えないよな、と思っていたりもした。ところがどっこい、なんと本当に驚いたことに、本書の冒頭でも紹介したように、**リアルワールドで（光子リング＋）ブラックホールシャドーが発見された**のだ。

今回、イベントホライズン望遠鏡によって何が視えたのかについては、このあと詳しく説明するが、その前にブラックホールの〝視え方〟について、もう少し補足を。

ここまで、標準降着円盤という光る衣を纏ったブラックホールの〝視え方〟を長々と紹介してきた。〝標準〟というからには、標準でない場合がある。

ガスが非常に多い場合、逆に少ない場合、さらにまったくガスがない場合などについて、以下、簡単に紹介しておく。

光る衣で着膨れたブラックホールは奥に隠れる
——ガスが多い場合

まわりから降ってくるガスの量がほどほどの場合は、ブラックホール降着円盤は薄

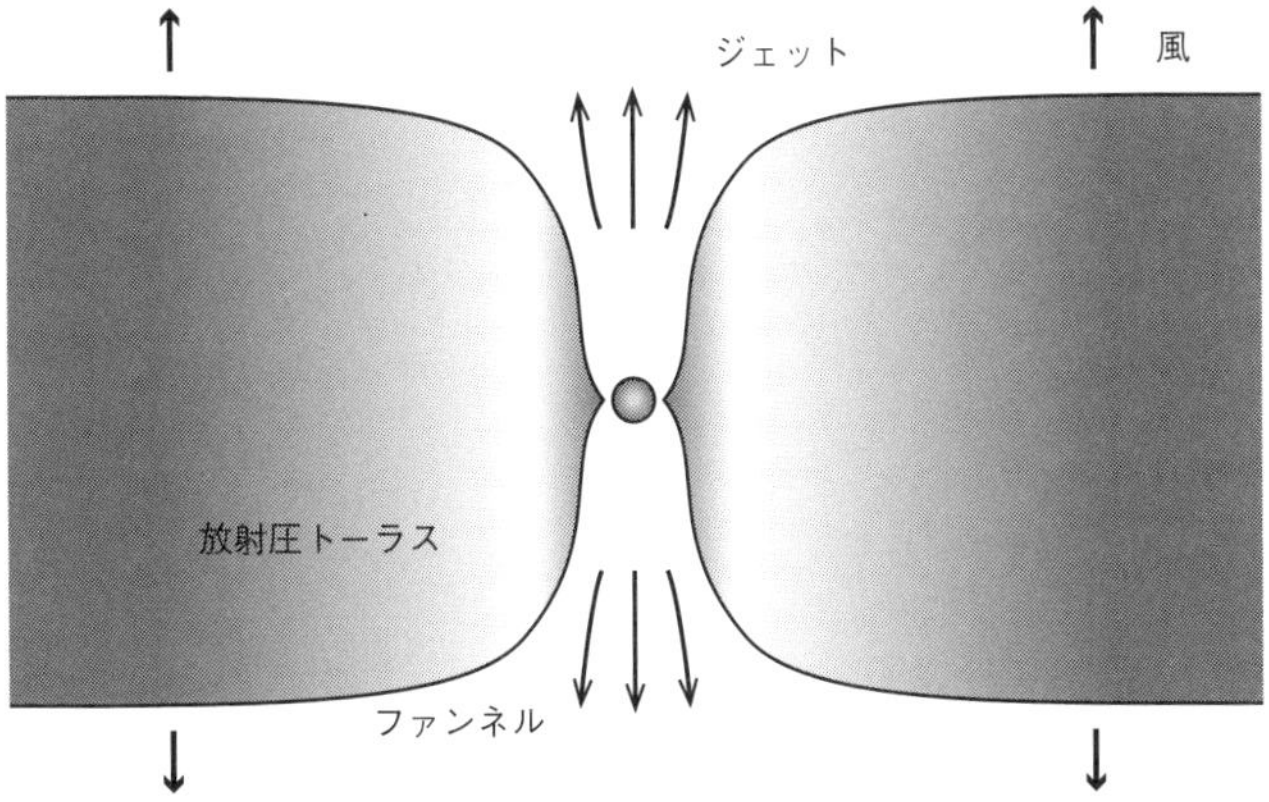

図46　ガスが多い非標準な分厚い降着円盤。円盤は高温ガスから放射される強い光の圧力で膨れあがり、さらには表面からはブラックホール風が吹き出す。中心軸上にはガスが入り込めない漏斗状の穴「ファンネル」が生じ、そこでは細く絞られたブラックホールジェットが吹き出す。

くて不透明な状態で光り輝く。ではガスの量がほどほどでない場合、たとえば非常に多い場合はどうなるだろう。なんとなく想像できると思うが、円盤面の上下に膨らんで分厚くなっていくのだ。そして**円盤が分厚くなれば、中心のブラックホールやシャドーは見えにくくなる**のが道理だ。

さらには高温の分厚い円盤から放射される強烈な光によって、円盤表面からはガスが押し出され、**ブラックホール風**として吹き出すようになる。そうすると、ますますブラックホールなど隠されて見えなくなってしまう。

第1章のブラックホールジェット／ブラックホール風のところで、大量のガスが降ってきたときにはブラックホールは瞬時に吸い込めずに、ガスの一部または大部分を吹き出すと述べたが、それはこの話だ。ブラックホール近傍では何か途轍《とてつ》もなく複雑な状況にはなっていると思うが、シュバルツシルト半径の１００倍とか１０００倍とか広い領域でみれば、**あたかも、ブラックホールを中心としてガスが四方八方に吹き飛ばされている**ような状況になっているだろう。ブラックホールの内部からガスが吹き出るわけではないが、取り扱い的にはブラックホールからガスが吹き出していると考えても差し支えない。これをブラックホール風と呼んでいるわけだ。

円盤表面からブラックホール風が吹く一方、中心軸上にはガスが入り込めない漏斗状の穴**ファンネル**が生じ、そこでは細く絞られた**ブラックホールジェット**が形成される。円盤表面から吹き出すブラックホール風と比べ、ブラックホールジェットはブラックホール近傍から吹き出すので、非常に高速となり、光速近くなることも少なくない。

ちなみに、このような分厚くなったガス円盤は、光速の26%の速度でジェットを吹き出している特異星ＳＳ４３３など、銀河系内の非常に明るいＸ線連星や、非常に明るいタイプの活動銀河中心核など、あちこちで活躍していると思われる。

ブラックホールシャドーではないが、ブラックホール風も可視化することは可能だ。その視え方も少しだけ紹介しておこう。

ブラックホール風の温度は中心部では数千万度から数億度もの高温になっており、したがって**ブラックホール風自体も光り輝いている。**そして、ブラックホール風の速度は、光速の数割にも達する可能性がある。光速で進む光でさえ脱出できないブラックホール〝近傍〟から逃げ出すためには、光速近くの速度で飛び出すしかないのだ。

では、このような光り輝くブラックホール風は、いったい、どのように見えるのだろうか。太陽のような輝く円盤のように見えるのだろうか。否、であった。

column

武器を磨きレベルアップしてダンジョン奥深くへ潜る

先に、2005年から2006年あたりの転機について触れた。このころに、ぼく自身も多少スキルアップを目指したのだ。

以前にゲームが好きだと書いたが、研究活動はダンジョンで宝珠（オーブ）を探すことにも似ている。ダンジョンにはマジックウォールなど防御系のモンスターや難しい仕掛けがたくさんあって、武器を鍛えたり自分をレベルアップさせないと、ダンジョンの奥深くへ進むことはできない。武器の種類を変えたり、魔法を覚える必要も出てくるだろう。研究活動も似ていて、前へ進むためには、高度な知識や複雑なプログラミングなどが必要になってくるのだ。

もちろん宝探しには競争相手もいる。同様に研究活動でも世界中にライバルがいる。ぼく自身、こういうＲＰＧ（ロールプレイングゲーム）は大好きなので、ついつい喩えてしまう。

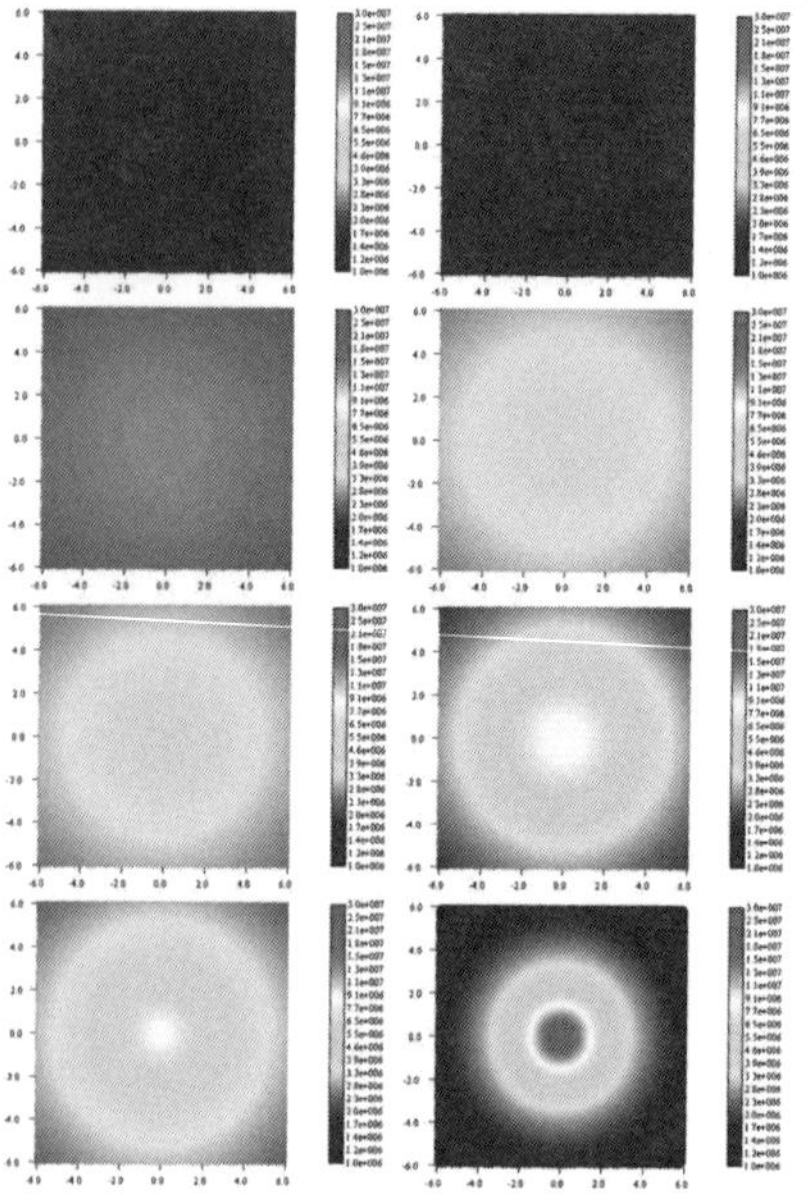

図47　ブラックホール風の観測的見え方(Sumitomo et al. 2007)。温度分布を表現したもの。
左列が共動系、右列が静止系でのイメージ。
風の速度が、上から、0.2光速、0.4光速、0.6光速、0.8光速。

ブラックホール風がどのように見えるかについては、２００７年、当時、修士課程の大学院生だった住友奈緒子さんが調べた。

ガス風のイメージであり、相対論的効果もあるので、少しわかりにくいかもしれないが、とりあえず、大ざっぱに見え方の説明をしておこう。

図47の左列は、ブラックホール風と同じ速度で運動している観測者（共動系という）が観測する眺めで温度分布を表しており、風の速度は上から０・２光速、０・４光速、０・６光速、０・８光速となっている。速度が大きいほうがより顕著だが、中心ほど温度が高く、周縁ほど温度が低くなっている。これは太陽画像

などでもあった周縁減光効果によるものだ。

図の右列は、ブラックホールから遠方で静止している観測者（静止系という）が観測する眺めだ。同じ速度の左列と比べてみると、温度変化が顕著になっており、速度が大きくなるほど、コントラストがどんどん強くなっていることがわかる。これはドップラー効果が原因だ。ブラックホール風自体は四方八方に球対称に吹き出している。それを遠方の観測者が眺めると、図の真ん中ではブラックホール風が真っ直ぐに観測者に向かってきているので、観測者に対する視線速度は一番大きくなり、ドップラー効果がもっとも強く働く。中央から離れるとブラックホール風の向きは観測者に

column

ブラックホールダンジョンを攻略する神剣

さて、最初にブラックホールの見え方をシミュレーションしたカラー画像を作成したころは、「流体力学」と「相対論」という武器をもっていて、それらを駆使してシルエット画像を作成することができた。いまから振り返れば、初心者とは言わないまでも、まだまだ中級者向けのダンジョン探索レベルだったと思う。

しかし、対象が光り輝くガス天体である以上、いずれは、「輻射輸送」や、さらには「相対論的輻射輸送」という、強い武器や魔法を使えないといけない。これらのことに本格的に取り組み始めたのが、2005年前後だったのだ。

さすがに強力な武器は一朝一夕に使いこなせるようにならず、少しずつ鍛えていって、神剣エクスカリバーぐらいに使えるようになるまで10年はかかった。その代わり、相対論的輻射輸送という神剣で切り拓いたダンジョンには、お宝もざくざく眠っていた。このダンジョンはこれから一生遊べそうだと思っている。

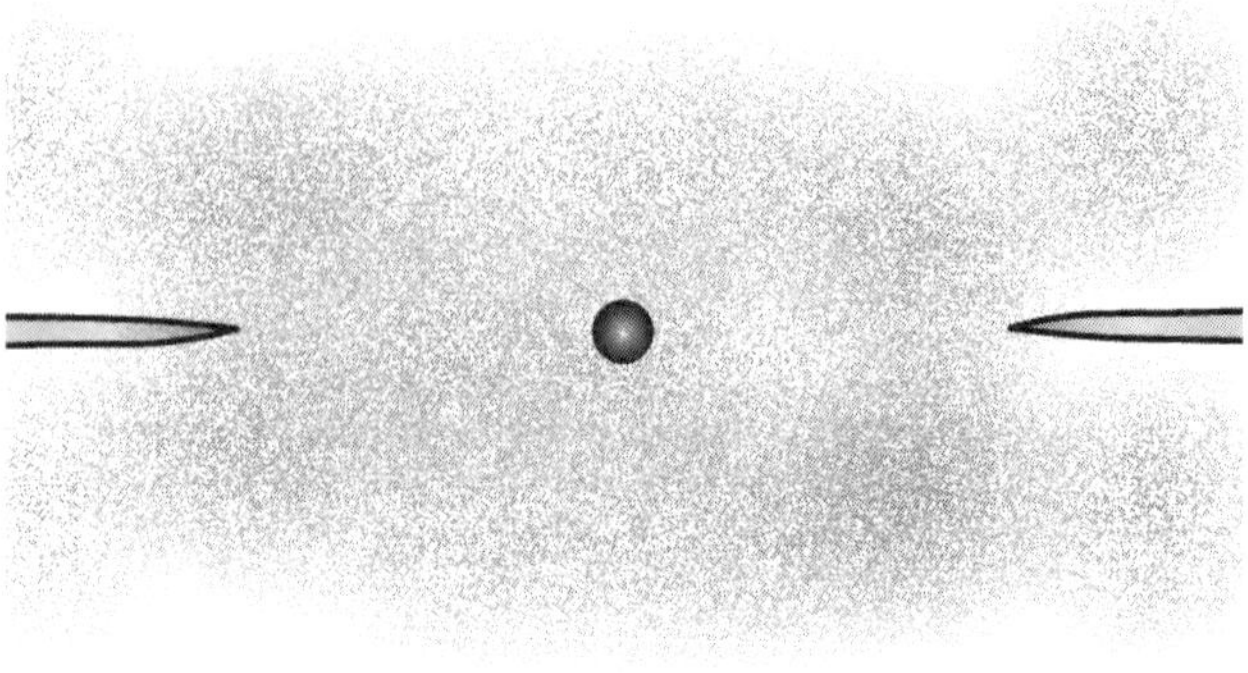

図48　ガスが少ない非標準な分厚い降着円盤。円盤ガスは冷えにくくなり非常に高温となって、ブラックホールを取り巻く希薄なコロナのようになる。

対して斜めになり、観測者に対する風の視線速度は次第に減少して、ドップラー効果の効き方も減っていく。そのために、このような見え方の大きな違いが生じる。

薄衣を纏ったブラックホールは視えるのか
——ガスが少ない場合

今度は逆に、まわりから降ってくるガスの量が少ない場合はどうなるだろう。一見、円盤はさらに薄くなりそうな気がするかもしれないが、意外なことに、ガスが少ない場合も円盤は膨らんで、非常に希薄なガスの拡がりとなる。

ブラックホール周辺で高温となったガスは、〝光り輝く〟ことで同時に〝冷える〟ことができる。

しかし、ガスの量が少ないと、高温となったガスは効率的に冷えることが難しくなり、ちょうど太陽コロナのように、高温のままブラックホールのまわりに薄暗く拡がることになる。

ちなみに、このような薄暗く希薄な高温ガス円盤は、天の川銀河の中心にあるブラックホールいて座Aスターや、巨大楕円銀河M87中心にある超巨大ブラックホールなど、比較的暗いブラックホール周辺に存在していると考えられている。

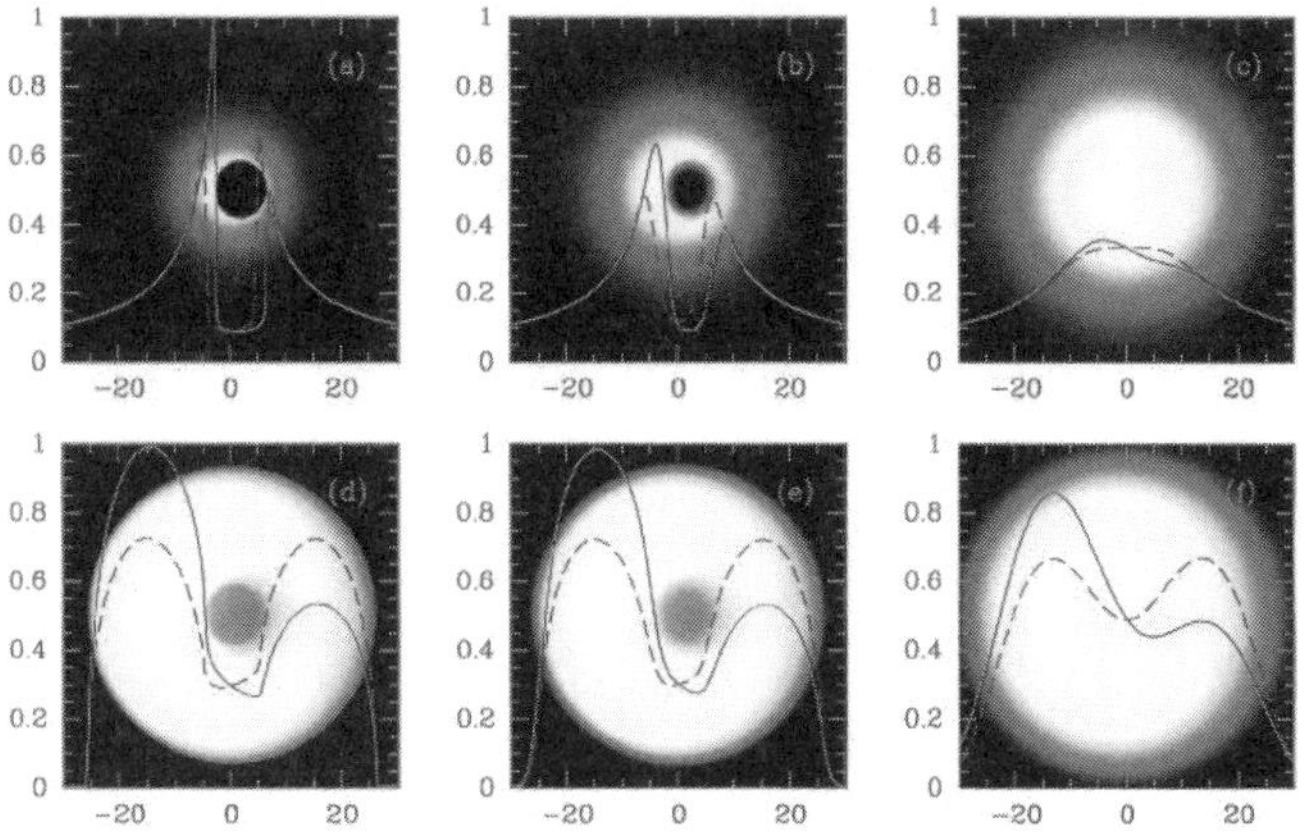

図49　薄衣を纏ったブラックホールの視え方1（Falcke et al. 2000）。
上がカー・ブラックホール+球状ガス、下がシュバルツシルト・ブラックホール+回転ガス。
一番左が計算例、真ん中が0.6mmの電波で観測した予想図、右が1.3mmの電波の予想図。

　ガスの量が少なく半透明な、いわば薄衣を纏った状態なので、ブラックホールは薄衣を透して見えそうだ。このような薄衣を纏ったブラックホールの姿をはじめて示したのがファルケたちだ（2000年）。

　図49の上の列は、極度に自転しているカー・ブラックホールへ向かって高温プラズマガスが球状に降ってきている場合で、一番左が計算で得られたブラックホールで、右の2つは電波で観測するとぼやけますよという予想図だ。また図の下の列は、シュバルツシルト・ブラックホールのまわりを高温プラズマガスが回転している場合で、やはり右の2つは電波観測の予想図だ。

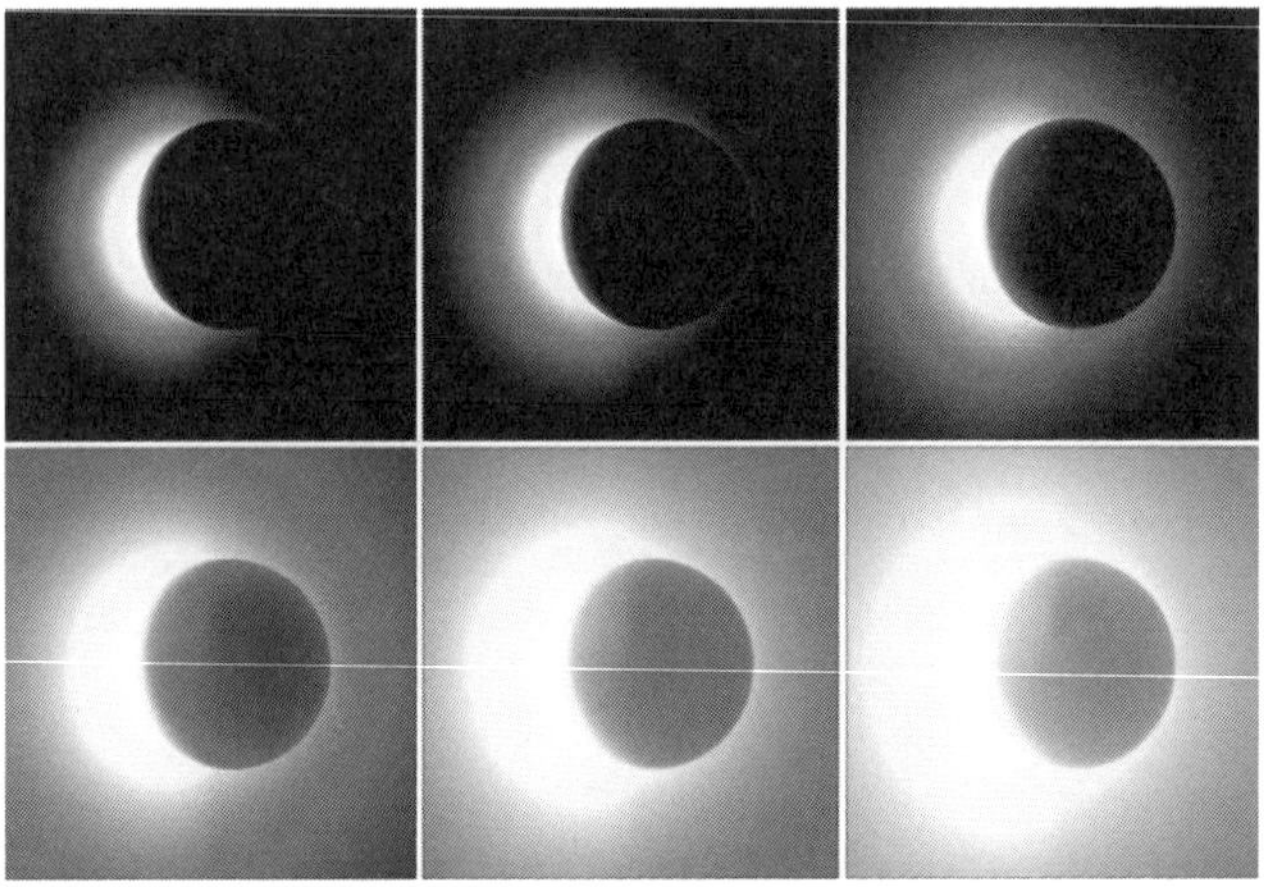

図50　薄衣を纏ったブラックホールの視え方2（高橋労太さんの計算：http://www.tomakomai-ct.ac.jp/department/gene/am/gallery/bhs/bhs.html）。
最大回転するカー・ブラックホールを想定し、観測者は自転の赤道面から俯角5度に位置している。
輝度のレベルをいろいろ変えて、シャドーの見え方を変化させてある。

ブラックホールを取り囲む希薄で淡く光るガスの中に、たしかにブラックホールの影が現れているのがわかる。ブラックホールのまわりのガスが淡く光っているわけだが、ブラックホールの向こう側にも拡がっている高温ガスからの光が、手前のブラックホールに遮られて届かないため、このようなシャドーが生じる。

もっとも、ブラックホールの手前側のガスから出た光は観測者に届くので、シャドーが完全に真っ黒なわけではない。露出を上げるとシャドー部分も淡く光って見える（図50）。

これらブラックホールシャドーでは、標準降着円盤のブラックホールシルエットと異なり、シャドーの形はほぼ円形だ。そして、内縁の縁が見えていたブラックホールシルエットと異なり、**シャドーはほぼブラックホール領域に相当する。**ただし、見かけの大きさはブラックホールよりも大きく、シュバルツシルト・ブラックホールの場合は、ブラックホールの２・６倍ほど大きいものとなっている。このシャドーの縁の部分が、何度か出てきた光子リングに相当するはずだが、そこのところはあまり明確ではない。

光る衣のない裸のブラックホールの見つけ方
——光るガスがない場合

本章の最後に、光るガスを纏っていない、いわば裸のブラックホールを見つける方法について、少しだけ触れておこう。

恒星質量のブラックホールは、そばに伴星があってこそ、光り輝くドレスを纏うことができることは何度も述べたが、それらはほんの一握りだ。

天の川銀河中に、それこそ星の数ほどあるだろう大部分のブラックホールは、おそらく単独のブラックホールである。これらはブラックホールについて多くの人が抱いているイメージどおり、〝視えない〟ため、当然ながら見つかっていない。

では、ほんとうにそれらのブラックホールを発見する術はないのだろうか。

必ずしもそうとは限らない。

まず単独のブラックホールの近くには星はなくとも、彼方には無数の星々があるので、**星空を背景にブラックホールはその姿を現す**だろう。ブラックホールの方向に正しく目を向ければ、光線の曲がりによってブラックホールの見かけは少し大きくなり、ブラックホールシャドーのサイズの黒い領域ができるはずである。

さらに背後の星からの光線は、場合によってはブラックホールの周囲を何度も回るので、それらの**周回光線によってリング状のイメージが現れる**。さらにはその外側領域でも、**光線の曲がりによって、背後の星々の位置はブラックホールから離れる方向にずれて観測される**と考えられる。

ブラックホールシャドーが見えないくらいブラックホールが離れていたとしても、光線の曲がりによる星の位置のずれは非常に遠方まで及ぶ。いわゆる封筒裏の計算(back-of-the-envelope-calculation)というやつで、適当な値をあたってみたことがある。

仮にぼくたちが目を向けた先、３光年の距離に10太陽質量のブラックホールがあったとしよう。すると、ブラックホールから０・３秒角ぐらい離れたところで、星像のずれも同程度になる。

これは現有の技術で十分に検出可能な範囲のずれだ。**星像のずれを検出することで、10光年か、もしかしたら100光年ぐらいの範囲まで、ブラックホール探査を行えるかもしれない。**

図51　天の川を背後にしたブラックホールを取り巻く重力リング（https://astronomy.stackexchange.com/questions/24477/whats-that-ring-that-only-now-appears-in-black-hole-illustrations）

では、本書の最後に、冒頭で紹介したブラックホールシャドー発見の解題といこう。

いったい全体、何が視えたのか。

あの電波写真で写っていたのは何だったのだろうか？

それはぼくたちブラックホール研究者にとっても、予想通りでもあり予想外でもあるものだった。

第5章

イベントホライズン望遠鏡がとらえたもの、とらえられなかったもの

実際に視えたブラックホールと光子リング

姿が見えないブラックホールが〝視えた〟のはドレスを纏っていたからかぁ
そうなんだ
――ってことはさぁ
ブラックホールの存在って視る前からわかってたってことだよね？
うん
なんで視えない物が「存在する」ってわかったの？
スバラしい!!
実に良い質問だよアルくん！

それは今から百年ほど前…
ある天才科学者が編み出した数式があってね
その数式を手掛かりに研究を進めた結果
ブラックホールという天体の存在をつきとめたんだ
数式だけを手掛かりに!?
そう!
それはシンプルな数式でね
エネルギーは…
あ────!!
待った!!
待った!!
その数式ぼくが自分で編み出してみるよ!
言っとくけどぼくだって相当な天才だからね!
専門は美人さんだけど
えっへん!
キミには無理な気がする…

ブラックホールの視え方の秘密とは…

なぜ、光子リングしか視えなかったのか？

序章で述べたように、2019年4月に発表されたブラックホールの直接撮像成功で実際に観測されたのは、**「ブラックホールシャドー」とそれを取り巻く「光子リング（光子球）」**だった。この光子リングというのは、ルミネの〝白黒画像〟（p．117）や高橋さんの計算（p．156）やソーンが関与した映画『インターステラー』の画像（p．145）で、内部の黒い領域を縁取る光り輝く細い筋の円形リングのことである。そして、この光子リングの内部の黒い領域がブラックホールシャドーである。

ブラックホールシャドーに関しては、これは**理論の予測通りのものが〝視えた〟**と言える。見えて当たり前のモノが視えただけだ、というのが観測家も理論家も大方の見方なのだ。ただし、予想外だったこともある。それは、**光るモノとしては、光子リング〝しか視えなかった〟**ことだ。

第4章で紹介した多彩な視え方を思い出してもらえば、光子リングやブラックホールシャドー以外に、光り輝く降着円盤やぼーっと拡がる高温ガス、ブラックホールジエットなどが視えなかったことに疑問を感じた方もいるかもしれない。だがこのプロジェクトによる観測では、それらの片鱗さえ写らなかった。これは予想外だった。

実際、「光子リングのみが視える」と予想した論文はなく、宇宙はいい意味で研究者の予想を裏切ってくれたわけである。

これについては、M87銀河中心の超巨大ブラックホール周辺では、高温ガスの量があまりに少なすぎて、**イベントホライズン望遠鏡では希薄な高温ガスからの弱い電波を捉えきれなかった**ことが、その理由だと考えられる。

では、なぜ、光子リングは〝視えた〟のだろうか。

本章ではその詳細な説明をしてみよう。難しく感じた人は適当に流し読みして、終章へ進んでいただいて構わない。

ブラックホールのまわりの光子半径と光子リング

なぜ光子リングだけが視えたのか？　それを検証するために、ブラックホールのまわりの光線の曲がりに関連して、**光子半径**と、遠方から視た**ブラックホールの見かけの大きさ**について、まず説明しておこう。

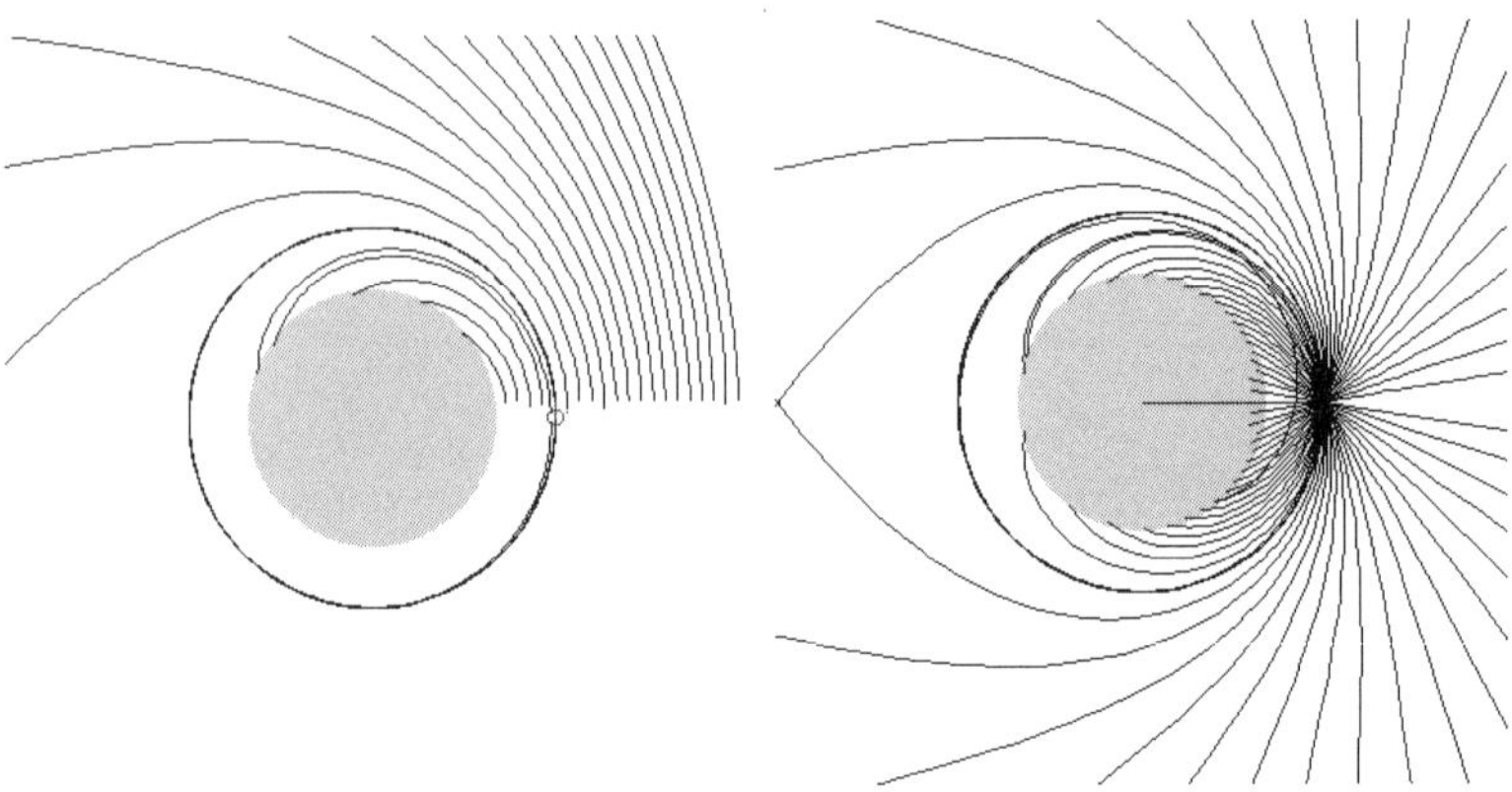

図52　ブラックホール周辺の光線の軌跡。いろいろな半径から円周方向に発射した場合（左）と光子半径からいろいろな方向に発射した場合（右）。どちらの場合も、ブラックホールの半径の1.5倍のところで、光線はブラックホールをぐるりと一周する。この半径を「光子半径」と呼ぶ。

第2章でも触れたように、ブラックホールのまわりでは光線が曲げられ、しかも曲がる度合いはブラックホールに近いほど大きい。そこで、たとえば、ブラックホールからいろいろな距離にある地点から円周方向に光線を発射すると、発射位置がブラックホールに近づくにつれて光線はブラックホールのほうに曲げられる。そして、ついには、**発射した光線がブラックホールのまわりをぐるりと回って発射位置まで戻ってくる**という、とんでもない事態が起こる。これはどういうことになるかというと、**円周方向を向いて立つと、自分の後ろ頭が見える**、というようなことが起こるわけだ。何とも不思議な感覚である。

このような不思議な現象が起こる位置、すなわち**円周方向に発射した光線が時空の曲がりに沿って進み、ブラックホールをぐるりと一**

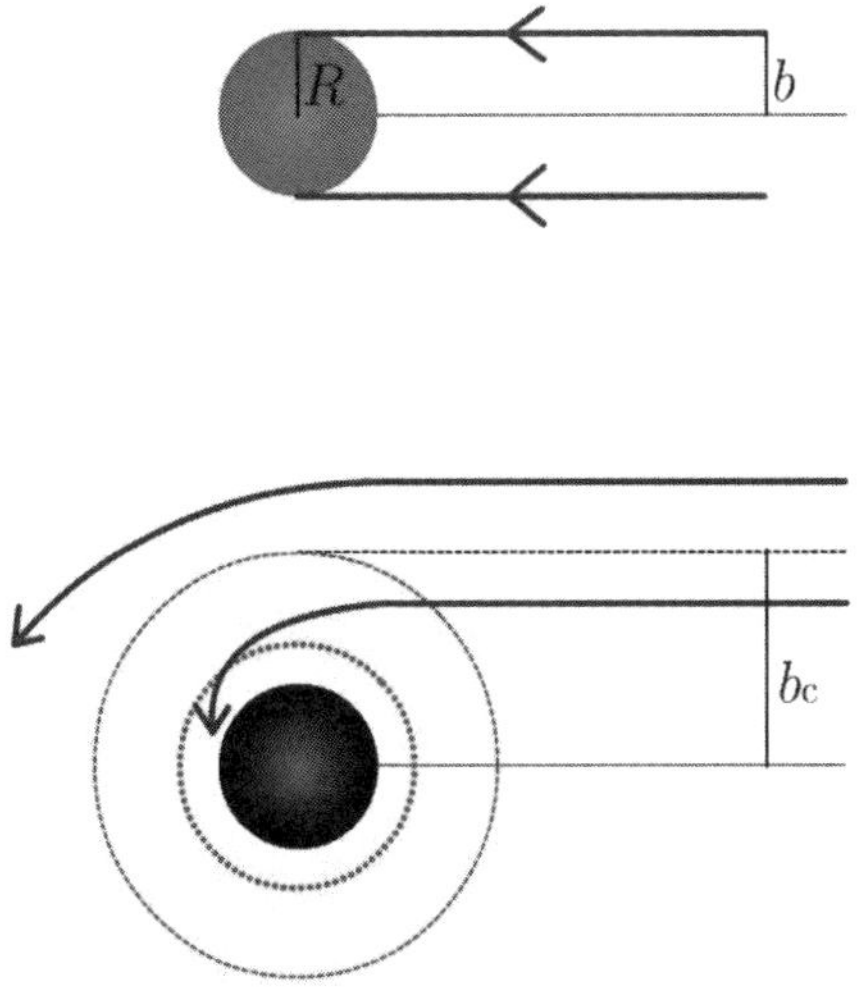

図53、54　無限遠からみたブラックホールの見かけの大きさ。光線の曲がりがなければ、無限遠から見た半径bはもともとの半径Rと同じである。しかしブラックホールの近くでは光線が曲がるため、ブラックホールの見かけの大きさ（2・6シュバルツシルト半径）は大きくなる。無限遠での半径bが十分大きければ、光線はブラックホールを逸れる。逆に、bが小さいと、光線はブラックホールの光子半径より内側に入り込み、そのままブラックホールに吸い込まれる。光線が光子半径に巻き付くときのギリギリの半径の値bが、ブラックホールから発した光線（というものがあれば）が無限遠に届くときなので、無限遠から眺めたブラックホールの見かけの大きさということになる。

周してしまう半径は**光子半径**と呼ばれている。シュバルツシルト・ブラックホールでは、光子半径はシュバルツシルト半径の1・5倍になる。

つぎに、ブラックホールの〝見かけの大きさ〟——これが**光子リング（光子球）**の半径でもある——というものについて考えてみよう。

半径Rの球を無限遠から見たときに、球の見た目の半径は、球の中心から発した光が無限遠に届く位置と、球の縁から発した光が無限遠に届く位置の差bで与えられる。もし空間が平坦で光線の曲がりがなければ、この無限遠に射影した球の半径bは、当然ながら、もともとの球の半径Rに等しい。

しかし、光線が曲がると話は別だ。**ブラックホールの近くでは光線が曲がるため、ブラックホールの見かけの大きさは大きくなる**のだ。無限遠での半径bが十分大きければ、光線はブラックホールを逸れるが、bが小さくなるにつれてブラックホール近傍での光線の曲がりは大きくなり、ついにはある値以下になると、光線はブラックホールの光子半径より内側に入り込み、そのままブラックホールに吸い込まれる。光線が光子半径に巻き付くときのギリギリの半径bが、ブラックホールから発した光線（というものがあれば）が無限遠に届くときの値なので、無限遠から眺めたブラックホールの見かけの大きさということになる。

　このギリギリの半径bの限界値は、シュバルツシルト・ブラックホールの場合、シュバルツシルト半径の約2・6倍になる。すなわち、**無限遠に射影したブラックホールは、もとのサイズよりも、2・6倍も大きく見える**のだ。そして**これがブラックホールシャドーの見かけの大きさ**なのである。

　また同時に、光子半径近傍から発した光線は、より膨らんだ光子リングとしてブラックホールシャドーを縁取りすることになる。言い換えれば、シュバルツシルト半径の1・5倍の光子半径を、光線の曲がりを入れて無限遠方に投影したシュバルツシルト半径の2・6倍の半径が、光子リングの半径なのである。

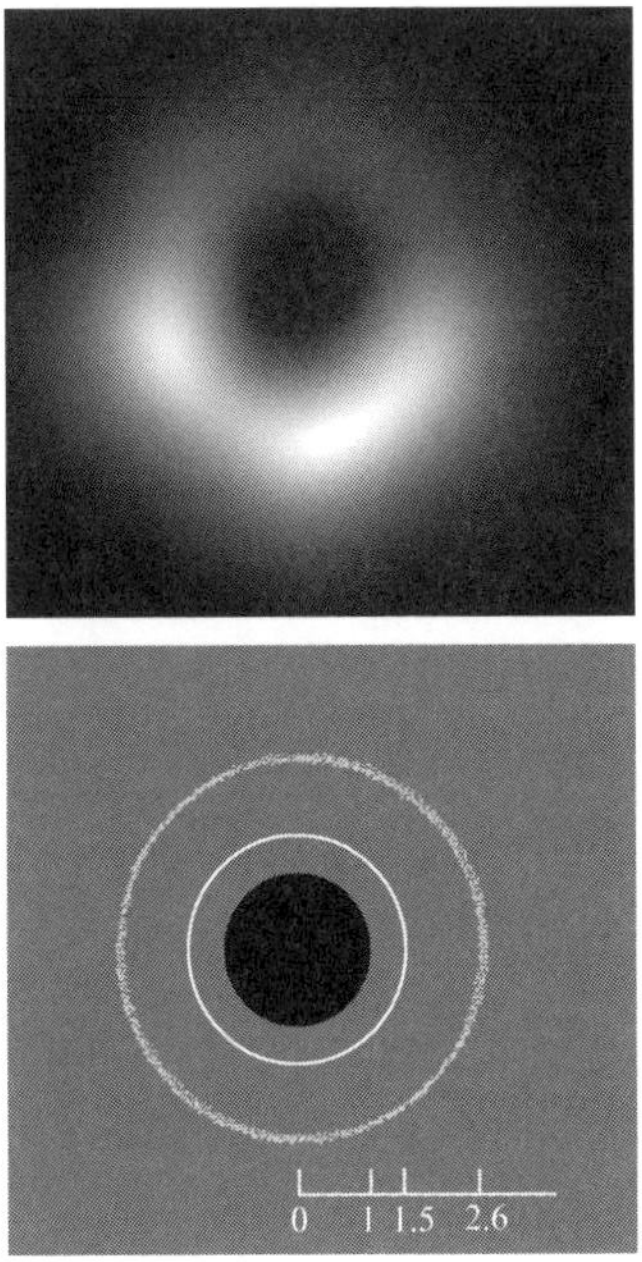

図55　発見されたブラックホールシャドー（EHT Collaboration）といくつかの半径を比較したもの。
下図の黒丸がブラックホール本来の大きさで、1．5シュバルツシルト半径に存在する光線が巻き付く半径が光子半径であり、この光子半径を光線の曲がりを考慮して無限遠方に投影したものが2．6シュバルツシルト半径の光子リングとなる。
ちなみに下図の横棒は、ブラックホールの直径（2シュバルツシルト半径）、光子半径の直径（3シュバルツシルト半径）、光子リングの直径（5．2シュバルツシルト半径）の長さになっている。
光子リングはもともとは細いが、電波望遠鏡が少しピンボケなため、上図の実際の観測では幅のひろいリボンのようになっている。したがって、上図でのブラックホールシャドーは中央の黒い領域よりも少し大きい。

なぜ光子リングだけが視えたのか!?

光線の曲がりに関わる「光子半径」と「光子リング」、少しややこしいが、おわかりいただけただろうか。

もしかしたら、無限遠から見たブラックホールの見かけの大きさである光子リングの内側の領域は黒いブラックホールシャドーになるとして、光子リングの外側の領域は光っていてもよいのではないか？　と思われたかもしれない。

しかし、イベントホライズン望遠鏡の画像では、ブラックホール周辺のガスもジェットも検出できなかったが、光子リングだけは視えた。なぜだろう。この謎の鍵となるのが、ブラックホール周辺での光線の曲がりなのだ。

ブラックホールのまわりを電波で光るガスが取り巻いているとしよう。ガスの分布や形状は本質ではないので、簡単に考えるために、ブラックホールから適当な距離まで球状に分布しているとする。

光子リングの外側の光線は、ブラックホールの近傍で少し曲げられながら遠方の観測者へ届くが、太線の部分のガスから発した光（電波）がまとまって観測されることになる（図56上）。ただ、M87銀河の場合、第3章でも説明したように、ガスが非常に希薄で光（電波）が弱いため、イベントホライズン望遠鏡では検出できなかったのだ（EHTは驚異的な分解能をもつが、集光力がまだ足りなかった）。また光子リングの内側のブラックホールシャドー領域の光線も、太線の部分からの光（電波）は遠方まで届くので、多少は光っているが、やはり暗すぎて検出はできていない（図56上）。

光子半径をかすめながら遠方の観測者へ届く光線、すなわち遠方で光子リングを作る光線についても、同じように暗く見えるのではと思うかもしれない。たしかに光線が1本だけなら（たとえば図56の①）、とくに明るくはならない。

しかし、光子半径をかすめながら回り込む光線は、①のようなものもあれば、②の

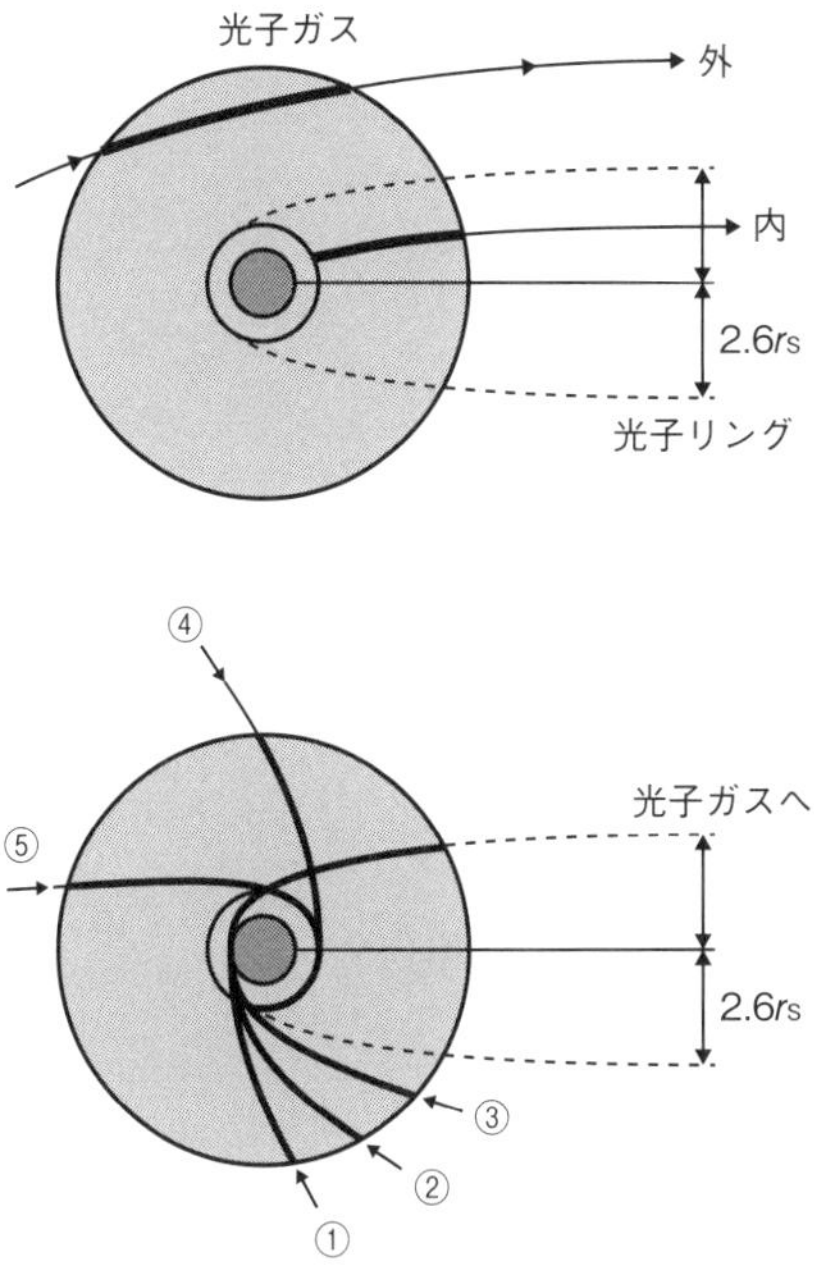

図56　ブラックホール周辺に拡がっている電波で光るガスと、無限遠へ射出する光線。
（上）光子リングの外側だと、光るガス内部の太線からの光が無限遠に届く。光子リングの内側だと、やはり太線の部分からの光が無限遠へ届く。どちらも太線一本分の長さからの光だけで少ない。

（下）光子リングの場所だと、①の軌道や②の軌道や③の軌道、さらにそれらの軌道の間も無数の軌道からの光線がすべて集中して届くので、合成された光線が非常に明るくなる。

ようなものもあり、③のようなものもある。そして①と②の間、②と③の間にも無数の光線がある。さらには④や⑤のようにブラックホールのまわりを半回転や1回転してくる光線さえある（④や⑤の光線は赤方偏移などのため急激に暗くなるので、実際の寄与は小さいが）。

　すなわち、無数の方向から到来した光線が光子半径に巻き付きかすめながら、最後はほぼ同じ経路に乗って遠方の観測者へ届き光子リングを形作ることになる。そのため、1本1本の光線は暗くても、無数の光線が集中してできた光子リングはそれなりに明るくなり、その結果、今回、イベントホライズン望遠鏡で検出できたのである。

なお、観測されたリングはピンボケで幅が広くなっているだけでなく、円周方向に少し不均一で下側が明るい。これらの点については、ガスの分布の不均一性や、回転に伴うドップラー効果によって説明される。

イベントホライズン望遠鏡によるブラックホール直接撮像で見えたモノについて、詳しく紹介したが、なにせ相手がブラックホールだけに、なかなかわかりにくいところもあっただろう。しかし、ブラックホールの周辺に存在する電波でほのかに光るガスをバックライトとして、光子リングで縁取られたブラックホールの影は、この撮像によってたしかに〝視えた〟のである。これが未来へとつながる衝撃的な画像だったことは、どれだけ強調しても、し足りないぐらいである。

終章

ブラックホール未来授業

ブラックホール直接撮像の意義と今後

もしもブラックホールが人工的に製造できたら…
そしてそれを道具として使えたら…
…ってあれ？アルくん
あ――あのさぁ…
…この際だからちゃんと名乗っておきたいんだけど…
あらら…眠くなってきちゃった？
夜も更けたし無理もないか…
アルくんそろそろ帰ろうか
うん…帰る…けど…
ぼく…ぼくの名前……
ん!?
アルくん!?

ぼくの名前は アル…
アルベルト・アインシュタイン ……
え!?
…また いつか…
会おう ね……
そうか… なるほど ……
美人好き
発想力
好奇心
レトロ趣味
デカイ態度
科学好き
ありがとう アインシュタイン 博士…
是非また お会いしましょう…

ブラックホール天文学の未来には…

ブラックホールシャドー発見の意義

２０１９年4月10日に発表されたブラックホールシャドーの発見は、数年前の重力波直接検出と並び、まさに今世紀の大発見だと思うが、どこがそんなにすごかったのかを、最後にもう一度おさらいしておこう。さらに、未来を見据えて、ブラックホール直接撮像の意義と、今後に発見されていくだろう、さらなるシャドーやシルエットの予想、そしてブラックホール天文学やブラックホール物理学の未来を述べてみたい。

まず何よりも第一に、見えないはずのブラックホールが直に〝視えた〟！　のだ。このことは、これからの研究へ向けての大きな一歩だった。見えないモノが見えたという点で、学術的にも面白いが、むしろ感性的で感動的な観点で途轍もなく素晴らしいことだと思う。本書で研究の歴史を紹介したように、いままで40年にわたり、光り輝く衣を纏ったブラックホールを可視化し、ブラックホール周辺のイメージを作成する研究は行われてきた。ただし、それらはあくまでも理論上のことであった。

それが今回は実際に観測されて直接撮像でブラックホールが〝視えた〟のだ。**ブラックホールが本当にそこにあったのだ！**

またとくに学術的な観点からは、遠方に投影したブラックホールの見かけのサイズである光子リングの半径すなわちシュバルツシルト半径の2・6倍の半径が500億kmであると直接的に測定できたことにより、M87銀河中心の超巨大ブラックホールの質量が太陽の65億倍であることが**確定的に算出できた**点も重要だ。従来も、万有引力の法則を用いてさまざまなブラックホールの質量は求められてきたが、ブラックホールの大きさから見積もった確定的な計算を行えたのは今回がはじめてである。

そしてブラックホールの直接撮像は、一般相対論の直接的な検証になった。さまざまな状況で一般相対論は検証されてきたが、ブラックホールのようなきわめて強い重力場での検証はまだできていなかった。ブラックホール合体による重力波と併せて、時空を記述する**一般相対論はますます確固たる物理理論であることが証明された**のだ。

ブラックホールの**実在証明**、ブラックホールの質量など**物理量の定量的な評価**、そしてブラックホールという強い重力場における**一般相対論の確たる検証**、この3つがブラックホール直接撮像の大きな意義といえるだろう。

ブラックホール天文学の将来

ところで、ブラックホールシャドーを理論的に予測し発見するという問題に絞れば、シャドーの発見はゴールかもしれないが、ブラックホール天文学という広い観点からは、**２０１９年の直接撮影はゴールではなくスタートだ！**

繰り返しになるが、ブラックホール周辺のガスもまだ見えていないし、ブラックホールジェットも検出できなかった。それらが見えるようになれば、ブラックホール周辺の物理状況がより詳しく判明するだろう。

Ｍ87銀河や天の川銀河はブラックホール周辺のガスが少ない。したがって、電波望遠鏡の性能、とくに集光力が上がれば、１２５ページの図36のように、光子リングの周辺に希薄なガスがボーっと光っているのが見えるようになるだろう。

一方、ほどほどにガスがあって標準的な降着円盤ができていると推定される銀河も数多く存在する。ただしそれらの多くの銀河はＭ87銀河などに比べて遠方にあるため、見かけが小さくなる。したがって、電波望遠鏡の分解能と集光力の双方が向上していけば、いずれは１２１ページの図35のように、光り輝く降着円盤とブラックホールのシルエットも見えるに違いない。

また、ブラックホールシャドーの大きさと、それによってブラックホールの質量はわかったが、ブラックホールの自転量スピンは決定できなかった。**質量に加えスピンがわかれば、ブラックホール時空の性質も定められる。**

さらに長年にわたりブラックホールジェットを研究してきた立場としては、是非つぎこそ、**ジェットの根元**を見極めてほしい。何度か触れたように、ジェットのガスはブラックホールの内部からではなく、ブラックホールのごく近傍から吹き出したものだ。そして、ブラックホールの強大な重力を振り切って遠方まで飛び出した結果として、ほぼ光速近くまで達することができるのである。

しかしそもそもどうやって、ジェットのガスはブラックホールの強大な重力を振り切ることができたのだろうか。その謎の答えに迫るためにも、ジェットの根元の詳細な観測が必要なのである。

今後も引き続き、理論的な予測やシミュレーションと並行して、Ｍ87銀河やいて座Ａスターの精細な観測を極めるプロジェクトは進行していくだろう。ブラックホール天文学の分野はさらに発展し続けるに違いない。

たとえば、

・大質量星の重力崩壊とブラックホール形成の詳細なメカニズム（第2章）
・大質量種ブラックホールから超巨大ブラックホールへの成長（第3章）
・ほぼ光速で噴出するブラックホールジェットの形成（第3章）
・超巨大ブラックホールと銀河の共進化
・ブラックホールの合体と重力波

などなど、まだまだ深く理解し解明すべき研究が山積している。ブラックホールのさらなる可視化も併せ、愉しみな未来である。

ブラックホール物理学がもたらすモノ

で、それで、ブラックホール天文学の分野が発展したら、何かいいことあるの、という意見もあるかもしれない。今日明日というタイムスケールでは、まぁ、人類の知的好奇心がもの凄く満たされることぐらいだろう。

しかし、長期的な展望で眺めれば、非常に実り豊かな未来が見えてくる。

話が過去に戻るようだが、イギリスの産業革命に端を発する現代の科学技術文明の発展は、実に４００年前に構築されたニュートン物理学がその基礎となっている。16世紀当時の最先端の天体観測をもとにして、ニュートンが打ち立てた力学、科学理論が、現代のぼくたちが暮らす現代科学文明のベースになっているのだ。

ブラックホール天文学の現状は、ちょうど４００年前のニュートンの時代、その前夜ぐらいの感じだろう。ブラックホールが直接に見え始め、ブラックホールを記述するアインシュタインの一般相対論もすでにある。

ただし、時空を記述する一般相対論は、量子論とは不適合で、時空と物質を記述する理論としてはまだ完全ではない。アインシュタインレベルの天才が完全な理論を構築したとき、時空理論は古典科学におけるニュートン物理学の段階に達するだろう。

そしてブラックホール天文学はブラックホール物理学となり、時空の解明や時空の操作まで可能になるかもしれないのである！

もはやそれほど遠い未来のことではないかもしれない。ブラックホール直接撮像や重力波直接検出は、統一理論へ向けての突破口となるだろう。

一般相対論と量子論が融合した統一理論（万物理論）が完成すれば、ブラックホール中心の特異点問題も解決するはずである。それと同時に、一般相対論における特異点問題である、**宇宙のはじまりの問題も解決する**はずである。

こうして宇宙や時空の深い理解が進めば、宇宙のはじまりから、物質の生成、星の誕生と死、銀河の形成、太陽系や地球の形成、生命の発生と進化へ至る、**「われわれがどこから来てどこへ行くのか」**という大問題（いわゆる**ビッグヒストリー**）に迫ることにもなろう。

イベントホライズン望遠鏡がもたらしたブラックホール直接撮像は、ビッグヒストリーへ向けての、新たな知識の地平を切り拓いたのである。

ブラックホール科学文明の時代
——エネルギー源としてのブラックホール

さらなる段階は、時空操作技術を用いたブラックホール工学の発展である。ここまで進んでようやく、ブラックホール科学文明の時代になるわけだ。

最後に、ややSFチックに、ブラックホール工学で支えられたブラックホール文明を少し妄想してみたい。

時空に関する理解が進み、ブラックホールをこの手で取り扱えるようになった段階でのブラックホールの利用法、いわば**ブラックホールテクノロジーに関して考察してみよう。**未来の超便利な日常生活に、ブラックホールテクノロジーはどのような恩恵をもたらしているのだろう。

■ブラックホール家電

まずは、家庭内やオフィスなど、身のまわりでのブラックホール技術製品として、ミニブラックホールを利用した**〈ブラックホール家電製品〉**が次々と開発されるだろう。

ありきたりだがわかりやすい例として、**〈ブラックホール屑篭〉**が考えられる。ブラックホール屑篭は、紙くずはもとより、生ごみでも燃えさしでも、どんなゴミでも吸い込んでくれる便利なアイテムだ。核廃棄物の処理も簡単にできる。もっとも、ブラックホール工学の時代、核技術なんて旧式の技術は廃れているかもしれないが。

ブラックホールに塵芥や物質を落とすと、一般に物質のもっていた重力エネルギーを解放するために、ブラックホール周辺の物質が光り輝く。この放射エネルギーを利用した**〈ブラックホール灯〉**や**〈ブラックホール暖房〉**も、原理は非常に簡単なだけに、最初に作られるブラックホール家電製品かもしれない。初期投資以外は維持費などもいらないタダ同然の家電になるし、塵芥処理と暖房を兼ねることもできるというオマケもある。

■ブラックホール発電

もう少し大掛かりには、都市や宇宙船規模で、エネルギー源としての**〈ブラックホール発電〉**が可能になるかもしれない。

家電製品としてのブラックホール発電は、超高エネルギー放射のシールドという点から、正直、一家に一台おいておくのは少々心配だ。しかし、巨大な発電システムなら、防御シールドなどを備えたものを作ってもコスト的に引き合うようになるだろう。ブラックホール発電機を、宇宙船などの乗り物に搭載すれば、**〈ブラックホールエンジン〉**の一丁上がりだ。

■ブラックホール都市

さらには、ブラックホールを極限まで利用した**〈ブラックホール都市〈ハビタット〉〉**も夢想できる！

ブラックホールを取り囲むように建設された球殻状の居住施設——固定ハビタット——を建設すれば、エネルギー問題も廃棄物問題も一挙に完全解決するだろう。ちょっと数値を当たってみたところ、重力環境については、10太陽質量のブラックホールだと、そのまわりに半径が0・1天文単位の球殻を作ると、球殻上での重力加速度が、だいたい地上と同じ強さになる。

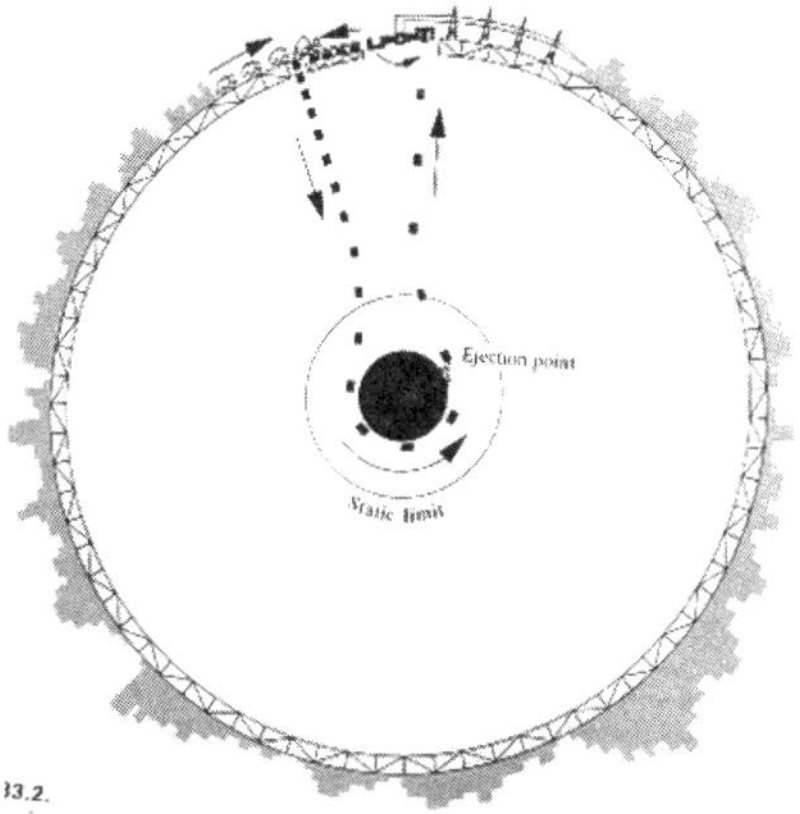

図57　ブラックホールを取り囲む球殻都市文明
(Misner, Thorne, Wheeler, 1973, Gravitation)

実は、このようなブラックホール都市は、すでにミスナーとソーンとホイーラーが著した相対論の分厚いテキストGravitation（1973）にも載っている。恒星を取り囲むように建設された球殻を**ダイソン球**と呼んでいるが（F. Dyson 1960）、いわば**ブラックホール版ダイソン球**というわけだ。バリエーションとしては、ブラックホールのまわりの降着円盤を中心とする**降着円盤文明**などもある（Fukue 1995, 1999)。

ブラックホール都市文明なんて、まるでＳＦのようだ。実際、さまざまなＳＦで、エネルギー源としてのブラックホールは登場する。しかしホイーラーやソーンらブラックホール研究の大家が想像したのは50年近くも前のこと。むしろ**彼らのアイデアがＳＦに影響を与えてきた**のだ。

その意味では、ブラックホール直接撮像は、ＳＦ的ではあるが実現可能な未来へつながる第一歩といえる。そのような歴史的な大事件をリアルタイムで目撃できたぼくたちは、とても嬉しい時代に生き合わせたと思う。ちょっとおおげさかもしれないが、歴史の生き証人として、子々孫々に語り継いでいきたいものである。

最後に蛇足かもしれないが、一言ほど。

その筋では割と知られている話ではないかと思うが、学術研究の意義について以下のようなエピソードがある。１９７４年にアメリカでフェルミ国立加速器研究所が開所した際、招待された上院議員が、「この高価な施設はアメリカの国防にどれほど役に立つのか？」とお決まりの皮肉な質問をしたそうだ。それに対して所長が即座に、

「何も。そのかわりこれは、アメリカを守る価値のある国とするために役に立つ」と答えたということだ。

ブラックホールの研究についても基礎科学という点でまったく同じことが言える。はるかな未来には確実に元が取れることは間違いないが、こうした研究がいまこの時代で役に立つことはほとんどない。先にも触れた知的好奇心を満たすぐらいだろう。

しかし、守る価値の〝価値〟とはいったい何なのかと言えば、一方では人々や人々の財産などがあろうが、一方では有形無形の文化であるだろう。ブラックホール研究も、音楽や絵画や芸能や小説そしてアニメなどと同列で、**人類の心の糧となる文化の一部**なのだ。ブラックホールを含めた宇宙の謎やビッグヒストリーが解き明かされていくことで、人類の文化も天高く発展していくのである。

社会に有用な技術は戦争時でも発展するし、むしろ戦時中こそ技術が大きく進展したりする。しかし文化は、社会の富が権力者に集中していたときは別だが、一般には野蛮な時代や戦争時には発展が阻害されるモノだ。

だからこそ、まだ見ぬ世界を見たいと願い、世界のしくみを知りたいと考え、未知の謎を解き明かしたいと希求することは、ぼくたちの心を豊かにする。役に立つからではなく、知りたいから。得したいからではなく、満たされたいから。

価値ある文化を生み出せる現代の社会を持続させ、さらなる素晴らしい人類文化を生み出していきたいと強く願うのはぼくだけではないだろう。

あとがき

メイキング・オブ……

『アインシュタインの宿題』など何冊かお世話になった大和書房の長谷部智恵さんから、ブラックホールやアインシュタイン絡みの新しい書籍についての相談をいただいたのが、２０１９年の４月末だった。ブラックホールシャドー発見の報も醒めやらぬころである。いろいろな内容を検討したのだが、最終的にはブラックホールそのものの本を書くことになった。

いままでにもブラックホールに関する本は何冊か書いたが、本書は３つの点で超グレードアップできたと思う。

まず一点は、何と言っても「ブラックホールシャドー発見」に関して詳しい内容を腰を据えて解説できたことだ。何が視えたのかについて、丁寧に説明を加えることができたと思う。とくに「光子リング」の概念は研究者もよく知らない人が多く、ぼく自身も説明にだいぶ工夫が必要であったが、何となくわかってもらえたなら嬉しいな。

二つ目は、長谷部さんのアドバイスで、広く一般の理系でない読者を意識し、何度も手直ししたことだ。数式はシュバルツシルト半径の式のみとし、専門用語もコラムで説明するなど、読みやすくなる工夫を加えることができた。

そして三つ目は、カサハラテツローさんに挿絵やマンガをお願いできた点だ。カサハラさんには以前に何度か仕事をさせてもらったご縁もあったが、今回は予想外の実現で、いまや売れっ子で超多忙な中、本書のためにペンを取っていただけた。

とまぁ、いろいろな方々の協力のお陰で本書ができあがったわけである。

スペシャルサンクスｔｏ…

そこでいろいろな人に感謝しないといけないのだが…

まずは世紀の大発見を成し遂げたイベントホライズン望遠鏡チームに感謝したい。本文でも書いたが、よもやこんなに早くにブラックホールが視えるとは思っていなかったので、理論屋としては、ほとんど狂喜乱舞状態（笑）。

また超忙しい中、無理をお願いしたカサハラテツローさんには、改めて深くお礼申し上げたい。各章最初のコミックのおかげで、わかりにくいブラックホールが、興味深く身近なものに感じられるようになったと思う。

　そして、大和書房の長谷部智恵さんには、とくに感謝したい。何度か長谷部さんと仕事をさせていただいたが、今回も、文系読者の目線で多くの有益なアドバイスをいただけた。長谷部さんのコメントを受けて大幅なリライトを2回行ったが、おかげで初期原稿よりはるかに読みやすいものになったと思う。

　最近は執筆中のＢＧＭはかけなくなったが（ＲＡＭが減って同時にできる作業件数が少なくなってきた）、ゲームは相変わらずだ。気分転換に、『ファイアーエムブレム覚醒』などなどやっていたが、Switch Liteが出てからは『オクトパストラベラー』が久々の嵌りゲーで、『ゼルダの伝説 BREATH OF THE WILD』はオープンワールド初体験で感動だった。

　そして、最後になったが、本書を手に取られた読者の方々には最大級の感謝を捧げたい。タイトルどおり、90分でブラックホールが（なんとなく）わかってもらえたなら、著者としても嬉しい限りです。

２０２０年　３月　３日　京都吉田山麓にて

福江　純

90分《ぷん》でブラックホールがわかる本《ほん》

2020年5月1日 第一刷発行

著者　福江《ふくえ》純《じゅん》
発行者　佐藤靖
発行所　大和《だいわ》書房
東京都文京区関口1-33-4
電話　03-3203-4511

コミック・イラスト　カサハラテツロー
カバー写真　EHT Collaboration

装幀　bookwall

本文DTP　朝日メディアインターナショナル
図版作成　朝日メディアインターナショナル
本文印刷　信毎書籍印刷
カバー印刷　歩プロセス
製本所　小泉製本

ISBN978-4-479-39344-3

乱丁・落丁本はお取替えいたします
http://www.daiwashobo.co.jp